CATIA
CAD CAM 기술

황종대 지음

정희태, 박수천 감수
이종원, 원종식

光文閣
www.kwangmoonkag.co.kr

머리말

필자는 우리 기계 공학도와 현장 엔지니어들이 4차 산업혁명 시대, 기계 관련 산업을 주도적으로 이끌어 가기 위한 4CM 통합 기술을 제안한 바 있다. 즉 CAD(설계, 모델링, 해석), CAM(공구경로생성), CNC(공작기계 조작), CAT(측정검사, 품질관리) 및 Maintenance(공작기계 유지보수, 생산관리)의 4CM 기술을 통합적으로 운용하여 스마트공장 등 기계 관련 산업의 효율성을 강화할 필요가 있으며, 그 중에서도 CAD CAM 기술은 가장 중요한 핵심 요소라 판단된다.

3D 모델링, 2D 드래프팅, 구동 시뮬레이션, 구조해석 등 CAD 운용 기술은 빛나는 아이디어에 기반한 창의적 설계를 현실로 구현해 주며, 복합 5축가공 등 CNC 절삭가공과 3D 프린팅 적층가공의 치열한 경쟁을 통해 상호 발전을 거듭하고 있는 CAM 기술은 창의적 설계를 실물로 생산하는 강력한 도구이다.

본 교재는 CAD CAM 기술을 통합 운용할 수 있는 Total Solution으로 CATIA를 활용하였으며 1장에서는 단축키, 단축명령 등을 활용하여 AutoCAD에 친숙한 사용자도 쉽게 스케치할 수 있는 환경 설정을 다루고, 2장에서는 3D MODELING을 위한 주요 기능별 예제 10개를 학습하며, 3장에서는 2020년 개정 컴퓨터응용가공 산업기사와 기계가공 기능장 등 CAD CAM 관련 국가기술 자격 실기 예상 모델링 10개를 다루었다. 4장은 2D DRAFTING을 다루고, 5장에서는 현장에서 적용하기 위한 실무 CAM 예제와 2020년 개정 자격증 실기 CAM 예제를 다루었다. 또한 실용과 검증의 정신에 입각하여 실무 CAM 예제와 자격증 실기 CAM 예제들을 실제 절삭 가공하여 타당성을 검증하였다. 자격증 실기 CAM 예제는 2.5축 평면 밀링과 3축 곡면 밀링으로 구성되어 있으며 추가적으로 2축부터 복합 5축까지 심화 학습을 원한다면 저자의 졸서 『CATIA CAM 5축 가공 기술 (2축부터 복합 5축까지) (2020 세종도서 학술부문 선정)』을 참조하시길 권장한다.

6장은 Power Modeling, 바이스 설계 해석, 드론 자동차 설계로 구성하였다. 6.1 절의 파워 모델링에서는 Formula, Power Copy 등 Knowledge 기능을 이용한 지식 기반 모델링 기술을 익힘으로써 파워풀한 유저가 되기 위한 모델링 학습을 시작한다. Supporter, Hook, Bending Pipe, Air Hose, Mug Cup, Coke Bottle, Impeller 등 솔리드 모델링과 서피스 모델링의 다양한 고급 기능을 익혀 나간다면 어느 순간 3D 감각이 일취월장하고 상상 속의 아이디어를 현실 설계로 구현할 수 있는 능력이 커져갈 것이다.

6.2절의 바이스 설계 해석에서는 Power Copy 기능을 이용한 암, 수 스크류 모델링과 각 부품의 분해 조립 시뮬레이션, 회전 및 직선 구동 시뮬레이션을 다룬다. 바이스의 토크, 항복 강도 등 경계조건(Boundary Condition)을 설정하고 적당한 나사의 호칭경을 설계하며, 구조 해석을 통하여 응력과 변형량을 구하고 안전율을 평가한다. 바이스의 설계 해석을 통하여 기계 설계의 실무적 접근법과 조립 모델링(Assembly Modeling)의 구조해석 방법을 익히게 됨으로써 기계 설계 시 시행착오를 줄이기 위한 해석적 접근 역량을 키우게 될 것이다.

6.3절의 드론 자동차 설계에서는 제공된 파일의 트리 분석을 통하여 프로펠러, 바디 등 모델링 과정을 이해할 수 있으며 여러 개의 부품이 조립되는 Assembly Design 과정을 이해할 수 있도록 하였다. 프로펠러, 휠 등 회전 연결(Revolute Joint)과 동시에, 정해진 이동 경로를 따라서 주행할 수 있도록 이동 연결(Point Curve Joint)을 수행함으로써 드론 자동차가 비행하는 구동 시뮬레이션을 구현하며, 이러한 과정을 통하여 자유롭고 창의적인 아이디어를 펼칠 수 있는 창의 설계 능력을 강화하는 기회가 될 것으로 기대한다.

독자 제현께서 CAD CAM 기술을 활용하여 세상을 이롭게 하는 창의적 설계와 효율적 가공을 수행 하시는데 작으나마 본서가 기여하기를 바라며 도서출판 광문각의 박정태 대표님께도 감사의 인사를 전한다. 기계 기술을 펼침에 있어 늘 즐거움과 보람이 함께 하시길 기원합니다.

2020년 8월 저자 올림

목차

01

CATIA 환경 설정

CATIA 환경 설정

1.1 기본 작업 환경 설정

1) CATIA의 화면 구성

- CATIA의 화면은 크게 메인 메뉴(Main Menu)(①), 3D 작업창(Window)(②) 및 아이콘(③)으로 구성되며 Compass(이하 컴퍼스)(④)를 참조하여 작업평면(⑤)을 정의하고 해당 작업평면의 스케치 작업 공간(Workbench)에서 아이콘(③)이나 단축키, 단축명령(⑥) 등을 이용하여 스케치를 수행한 뒤 다시 3D 작업창에서 3D 관련 명령을 이용하여 ⑦과 같이 모델링하게 되며 모델링 결과는 ⑧과 같은 트리(Specification Tree)에 일목요연하게 도시된다. 따라서 추후 파라메트릭 모델링을 위한 모델 수정 시 해당 모델링 요소(Element)를 더블 클릭하거나 트리에서 직접 더블 클릭하여 수정한다.

- 본 서에서는 일반적으로 자주 사용하는 단축키나, 단축명령을 사전에 정의하고 작업 환경을 좀 더 사용자 친화적이고 효과적이며 편리하게 설정함으로써 모델링 작업의 효율성을 향상하고자 한다.

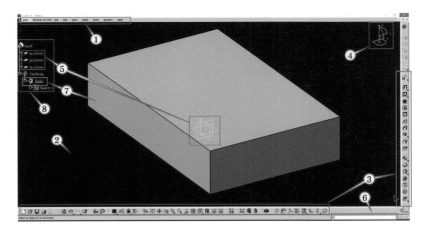

2) 사용 언어 설정

- 메인 메뉴의 도구(①)을 클릭한 뒤 ② → ④의 순서로 환경 언어를 영어로 선택하고 CATIA를 종료 후 다시 OPEN 한다.

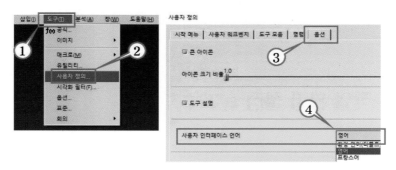

3) 시작 환경 설정

- 처음 OPEN 후 트리에 Product1(①)으로 되어 있으며 이는 ② → ④와 같이 조립품 (Assembly Design) 모델링을 기본값(Default)으로 한 경우의 시작 환경이다. 그러나 단품 (Part Design)만 모델링할 경우도 있고, 조립품(Assembly Design)을 모델링할 경우도 있으며 사용자의 작업 환경에 따라 시작 환경은 상이하다. 따라서 최초 OPEN 시 CATIA의 작업창이나 트리는 어떠한 워크벤치도 선택되지 않은 상태가 최적의 시작 환경이라 할 수 있다.

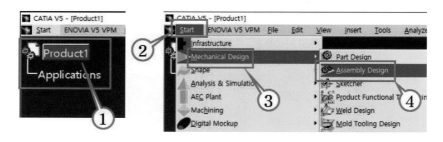

- OPEN된 CATIA를 종료 후 CATIA 아이콘을 우클릭하여 속성(①)으로 들어간 뒤 대상(②)에서 ③과 같이 "-env -object none -direnv"를 추가 입력하며 확인 클릭 후 관리자 권한 메시지가 나오면 계속을 선택한다. CATIA를 OPEN하여 시작 환경이 빈 공간인지 확인한다.

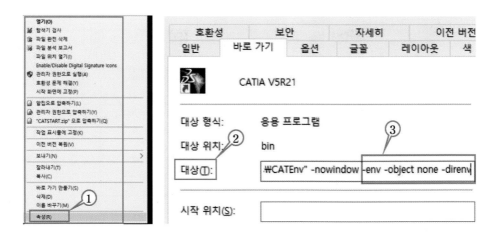

- 메인 메뉴 File(①)의 New(②)를 클릭한 뒤 키보드에서 "p"를 클릭하면 자동으로 Part(③) 디자인 워크벤치가 선택되고 ④와 같이 "Enable hybrid design"이 체크되어 있으므로 엔터(enter) 키를 누른다. 여기서 "Enable hybrid design"은 솔리드 모델링을 수행하는 Part Design과 서피스 모델링을 수행하는 GSD(Generative Shape Design)를 함께 혼용해서 사용하겠다는 의미이다.

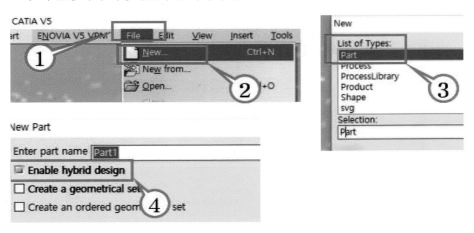

4) 화면 해상도 설정

- 메인 메뉴의 Tools(①)와 Options(②)을 선택한 뒤 ③ → ⑧의 순서로 3D Accuracy와 2D Accuracy를 최대로 높이고 작업창 배경화면 칼라를 설정한다. ⑧은 체크해제를 권장한다.

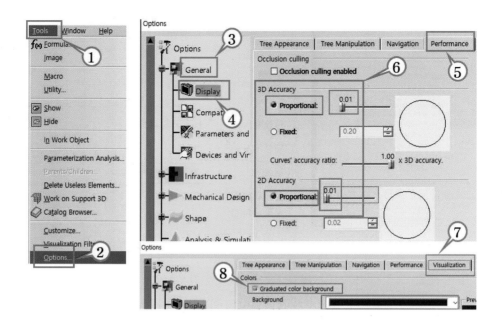

5) CAM 환경 설정

- 메인 메뉴의 Tools → Options에서 Machining(①)을 선택한 뒤 General(②)에서 ③을 체크한다. Output(④)의 Post Processor는 IMS(⑥)를 체크하며 그 아래 Extension(확장자)은 nc(⑦)로 설정한다.

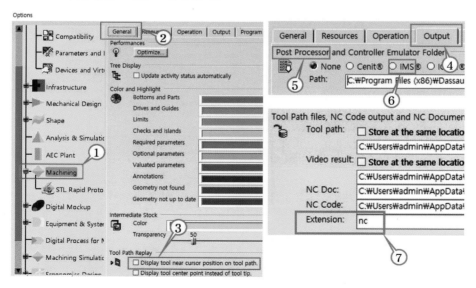

6) 3각 투상 좌표계 설정

- KS 규격과 동일한 3각 투상으로 우수 좌표계 및 컴퍼스를 설정하기 위해 메인 메뉴 View(①) → Navigation Mode(②)의 Multi-View Customization(③)에서 ④ → ⑦ 과 같이 설정한 뒤 작업창 하단의 Isometric View(⑧)를 클릭함으로써 컴퍼스의 x 방향이 ⑨와 같이 우측(우수 좌표계)으로 향함을 확인한다.

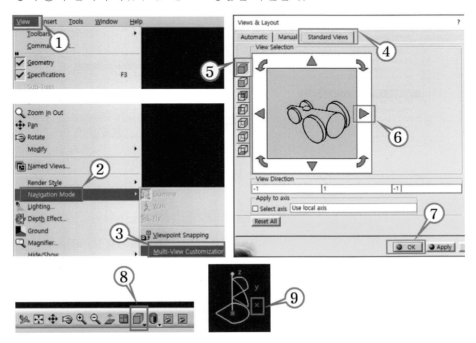

7) 아이콘 위치 초기화 설정

- 작업 중 아이콘을 찾기 어려운 경우 메인 메뉴의 Tools → Customize에서 아래의 ① → ②와 같이 설정한다.

8) 시작 메뉴 즐겨찾기 설정

- 주로 사용하는 워크벤치를 즐겨찾기에 추가하면 작업 전환이 용이하므로 메인 메뉴의 Tools → Customize에서 아래의 ① → ④와 같이 설정함으로써 ⑤와 같이 표시한다.

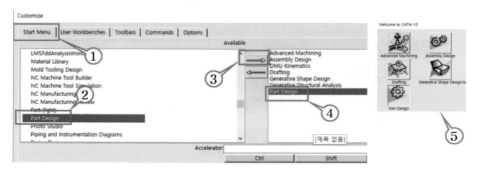

9) 작업창 평면(좌표계) 크기 설정

- 작업창 평면(좌표계)은 빈번히 요구 평면으로 스케치하기 위해 선택하므로 메인 메뉴 → Tools → Options에서 아래의 ① → ④와 같이 크기를 20 이상으로 한다.

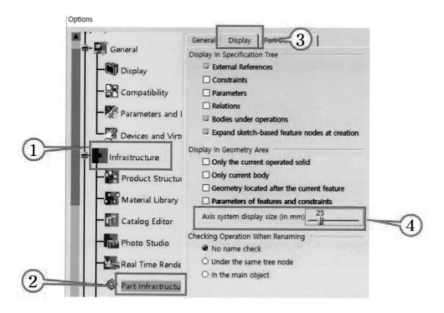

1.2 단축키와 단축명령 설정

• 주요 단축키 리스트

1	ctrl + 1	positioned sketch	2D스케치 작업창으로 들어가기
2	ctrl + 2	exit workbench	3D모델링 작업창으로 나가기
3	ctrl + q	constraint	치수구속 (dimensional constraint)
4	ctrl + w	constraint...	형상구속 (geometrical constraint)
5	ctrl + r	construction/standard element	점선 처리 (element는 존재함)
6	ctrl + e	trim (delete+extend)	End element 자르기+연장
7	ctrl + d	quick trim (delete)	Mid element 자르기
8	ctrl + b	mirror	대칭
9	space	offset	옵셋

• 주요 단축명령 리스트

사전 작업	option ⇒ general ⇒ search ⇒ power input ⇒ c:as command 대, 소문자 구분하므로 소문자로 단축명령 사용

2D (Sketch, Drafting 공용)			3D (Part design, GSD 공용)		
1	p	profile	1	p	pad
2	r	rectangle	2	po	pocket
3	cr	centered rectangle	3	s	shaft
4	c	circle	4	g	groove
5	a	arc	5	r	rib
6	t	three point arc	6	sl	slot
7	l	line	7	m	multi-section solid
8	f	corner(=fillet)	8	f	edge fillet (3번째 icon)
			9	d	draft angle (2번째 icon)
			10	sp	split (3번째 icon)
			11	sw	sweep
			12	off	offset (2번째 icon)

• CATSettings ⇒ 폴더 위치	Windows 바탕화면 우클릭 → 개인설정 → 테마 → 바탕화면아이콘설정 → 문서체크 → 바탕화면의 어드민폴더 → 메인메뉴의 보기 → 숨긴항목체크 → AppData → Roaming → DassaultSystemes → CATSettings

1) 단축키 설정

- 아래는 주로 사용하는 단축키 리스트로서 오른손이 마우스를 사용하여 모델링의 해당 요소를 선택하는 동안 작업 명령 수행을 위하여 아이콘을 클릭하지 않고 왼손만으로 명령을 수행하기 위한 것이며, 이외에도 사용자의 환경에 따라 사용빈도가 높은 아이콘은 단축키로 설정할 수 있다. 다만 왼손만으로 수행할 수 있는 단축키의 수는 유한하므로 선택에 신중을 기해야 할 것이다. 특히 각급 교육기관이나 팀 단위로 작업을 수행하는 기업에서는 단축키를 공용으로 지정하여 사용하는 것이 효율적이다.

• 주요 단축키 리스트

순번	단축키	명령어	아이콘	기능 설명
1	ctrl + 1	positioned sketch		2D스케치 작업창으로 들어가기
2	ctrl + 2	exit workbench		3D모델링 작업창으로 나가기
3	ctrl + q	constraint		치수구속 (dimensional constraint)
4	ctrl + w	constraint...		형상구속 (geometrical constraint)
5	ctrl + r	construction/standard element		점선 처리 (element는 존재함)
6	ctrl + e	trim (delete+extend)		End element 자르기+연장
7	ctrl + d	quick trim (delete)		Mid element 자르기
8	ctrl + b	mirror		대칭
9	space	offset		옵셋

- 메인 메뉴 → Tools → Customize에서 Commands(①)를 클릭한 후 좌측 카테고리 최하단의 All Commands(②)를 클릭한다. Positioned Sketch 아이콘(③)을 더블클릭한 뒤 Show Properties(④)를 클릭하고 Accelerator(⑤) 우측 텍스트 상자에 ⑥을 클릭한 뒤 "+1"을 키보드에서 추가 기입한다. 이후부터 스케치로 들어가기 위해 Positioned Sketch 아이콘을 클릭하지 않고 왼손으로 키보드에서 "ctrl + 1"을 누른다.
- 3D 워크벤치에서 사용하는 "ctrl + 1"을 제외한 나머지 단축키는 2D 스케치 워크벤치에서 사용하므로 트리의 xy plane(⑧)을 클릭한 뒤 "ctrl + 1"을 누르고 엔터키를 누른다. (이후부터는 이 과정을 편의상 "ctrl + 1 → 엔터" 등으로 표현한다.)

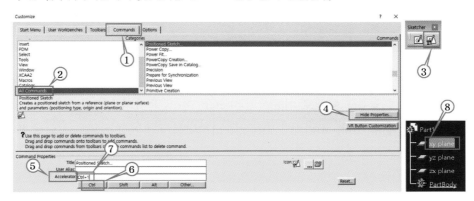

- 2D 스케치 워크벤치에서는 주로 사용하는 Sketch tools 툴바의 ① 부분을 클릭하여 메인 메뉴 아래(②)로 드래그 → 이동한다.

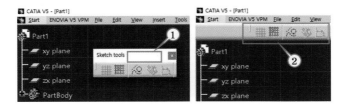

- Positioned Sketch 아이콘을 "ctrl + 1"으로 단축키를 설정한 것과 동일한 방법으로 2D 스케치 작업창에서 Exit Workbench 아이콘(①)을 더블클릭하면 Customize 다이얼로그 박스에 해당 아이콘(②)이 나타나며 Accelerator 우측 텍스트 상자(③)에 "ctrl + 2"를 입력한다.

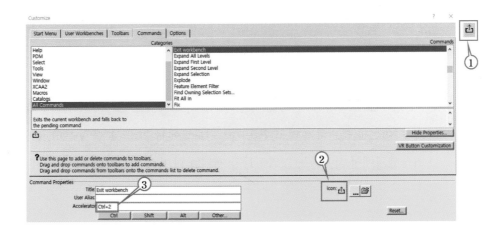

- 나머지 모든 단축키도 이와 동일한 방법으로 해당 아이콘을 작업창에서 찾아 더블 클릭하여 수행할 수 있다. 예외적으로 작업창에서 아이콘을 더블 클릭할 수 없는 것이 메인 메뉴 아래로 이동시킨 Sketch Tools 툴바의 "Construction/Standard Element(①)"이다. 따라서 Customize 다이얼로그 박스의 Commands 탭에서 ②와 같이 해당 명령을 찾고 클릭하면 ③과 같이 아이콘이 표시되고 ④와 같이 "ctrl + r"로 단축키를 설정한다.

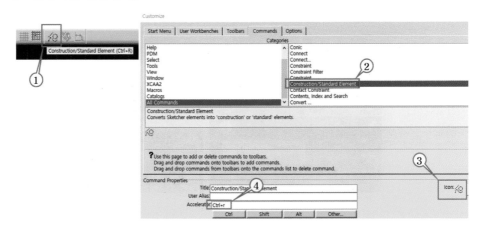

- Offset 아이콘의 단축키를 "space bar"로 설정할 때는 Accelerator 우측 텍스트 상자에 "space"까지만 입력하고 실제 사용할 때는 키보드의 space bar를 누른다.

2) 단축명령 설정 (2D)

- 단축명령은 단축키와 달리 왼손만을 사용하는 것이 아니라 아이콘 이름의 약자를 키보드에서 입력하는 것으로 아이콘을 클릭하기 위해 눈으로 찾고 다시 클릭하는 2번의 동작을 단축명령 입력 한번의 동작으로 대체함으로써 작업 효율을 높이는 방법이다. 2D 단축명령은 스케치 워크벤치 뿐만 아니라 드래프팅 워크벤치에서도 유효하다.

2D 단축명령 리스트 (Sketch, Drafting 공용)			
순번	단축명령	명령어	아이콘
1	p	profile	
2	r	rectangle	
3	cr	centered rectangle	
4	c	circle	
5	a	arc	
6	t	three point arc	
7	l	line	
8	f	corner(=fillet)	

- 단축명령을 설정하는 방법 또한 단축키와 유사하나 단축명령을 사용하기 위한 사전 작업이 필요하다. 메인 메뉴 → Tools → Options에서 ① → ④의 순서로 단축명령 사용을 유효하게 설정하고 단축명령 실행 시에는 소문자로 한다.

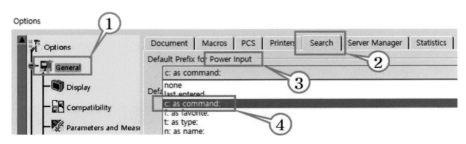

- 메인 메뉴 → Tools → Customize에서 Commands(①)를 클릭한 뒤 좌측 카테고리 최하단의 All Commands(②)를 클릭한다. 2D 스케치 작업창의 Profile 아이콘(③)을 더블클릭한 뒤 Show Properties(④)를 클릭하면 해당 아이콘(⑤)이 표시되고 User Alias 우측 텍스트 상자에 ⑥과 같이 "p"라고 입력한다. 2D 스케치 워크벤치나 드래프팅 워크벤치에서 "p"라고 입력하면 ⑦과 같이 우측 하단의 Command 창에 자동으로 입력됨을 알 수 있고 해당 명령을 수행할 수 있다. (Command 창을 클릭하지 않고 바로 단축명령을 입력한다.)

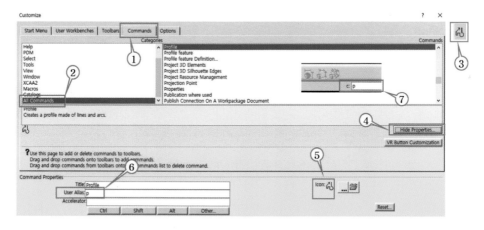

3) 단축명령 설정 (3D)

- 솔리드 모델링을 수행하는 Part Design이나 서피스 모델링을 수행하는 GSD(Generative Shape Design) 등 3D 워크벤치에서의 작업 명령 아이콘들을 단축명령으로 설정할 수 있으며 아래와 같이 주요 사용 아이콘을 단축명령으로 정의한다.

순번	단축명령	명령어	아이콘	위치
1	p	pad		Part Design
2	po	pocket		
3	s	shaft		
4	g	groove		
5	r	rib		
6	sl	slot		
7	m	multi-section solid		
8	f	edge fillet (3번째 icon)		
9	d	draft angle (2번째 icon)		
10	sp	split (3번째 icon)		
11	sw	sweep		Generative Shape Design
12	off	offset (2번째 icon)		

• 3D 단축명령 리스트 (Part Design, GSD 공용)

- 3D 워크벤치 중 Part Design과 GSD의 유사 명령이 있기 때문에 위 3D 단축명령 리스트의 8, 9, 10, 12와 같은 아이콘은 실제 사용 아이콘과 비교하여 설정하며 CATIA 버전에 따라 몇 번째 아이콘인지는 다를 수 있으므로 해당 아이콘 형상이

정확하게 선택될 때 단축명령으로 선정한다.

- 예를 들어 아래와 같이 리스트 8번의 Edge Fillet을 단축명령으로 선정할 때 작업창에서 해당 아이콘을 정확하게 더블 클릭하여도 아래의 ①이나 ②와 같이 다른 아이콘이 선택되는 경우가 있기 때문에 ③과 같이 세 번째 명령을 선택한 뒤 ④와 같이 단축명령으로 설정한다.

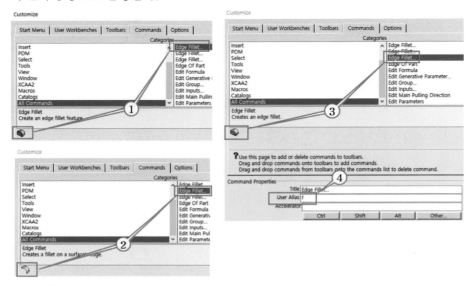

4) CATSettings 설정

- 1장에서 수행한 기본 작업 환경이나 단축키, 단축명령 등의 CATIA 작업 환경 Setting은 CATSettings 폴더에 모두 저장된다. 만약 다른 PC에 위 내용이 저장된 CATSettings 폴더를 복사하고자 하면 아래와 같은 순서로 폴더 검색을 하여 복사한 뒤 다른 PC에서 동일한 위치의 CATSettings 폴더를 덮어쓰기 한다.

- CATSettings 폴더 위치 : Windows 바탕화면 우클릭 → 개인 설정 → 테마 → 바탕화면 아이콘 설정 → 문서 체크 → 바탕화면의 어드민폴더 → 메인메뉴의 보기 → 숨긴 항목 체크 → AppData → Roaming → DassaultSystemes → CATSettings

5) 마우스 사용법

- 메인 메뉴 File(①) → New(②) → p(③)(p라고 치면 자동으로 ③과 같이 Part가 선택됨) → 엔터 → ④번 체크하고 엔터, 혹은 OK(⑤) → 화면 중앙 하단의 Isometric View(⑥) 클릭 → 트리의 xy plane(⑦) 클릭 → ctl+1 → 2D 스케치 작업창으로 들어간다. → cr → 엔터 → 좌표계 원점에 Centered Rectangle의 중점을 클릭하고 대략적인 사각형 형상을 만든다. → 사각형 아래 직선(⑧) 클릭 → ctl+q → 치수를 직선 아래 쪽 임의 위치 클릭하여 고정 → 치수를 다시 더블 클릭 → 100(⑨) → 엔터 → ctl+2 하여 3D 작업창으로 나간다. → p → 엔터 → 100 → 엔터 하거나 텍스트박스를 드래그 하여 100(⑩) → 엔터 하여 Pad를 생성한다.

- 마우스 가운데 버튼을 클릭하고 마우스를 움직여본다. → 화면 이동이 이루어짐을 알 수 있다. (AutoCAD의 pan 기능에 해당함) → 마우스 가운데 버튼을 클릭하고 왼쪽 버튼 도 함께 클릭한 상태로 마우스를 움직여 본다. → 회전이 이루어짐을 알 수 있다. 마우스 가운데 버튼을 클릭하고 왼쪽 버튼도 함께 클릭한 상태에서 다시 왼쪽 버 튼을 뗀 상태로 마우스를 움직여 본다. → Zoom In, Zoom Out이 이루어짐을 알 수 있다. → 화면의 회전 방향을 원래 상태로 복귀하기 위해 화면 중앙 하단의 Isometric View(⑥) 클릭 → 화면의 크기를 초기화하기 위해 화면 중앙 하단의 Fit All In(⑪)을 클릭한다.

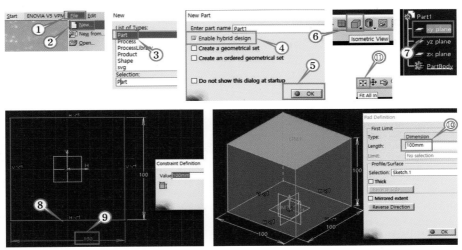

02

3D MODELING

2.1 EX01 (Pad, Pocket, Draft Angle, Sweep, Split)

1) 예제도면	EX01	사용 명령		2시간
		Pad, Pocket, Draft Angle, Sweep, Split		

1. 요구사항
　가. 지급된 도면을 참조하여 3D 모델링을 수행한다.
　나. 평면도, 정면도, 우측면도, 입체도 등 2D 드래프팅을 수행한다.

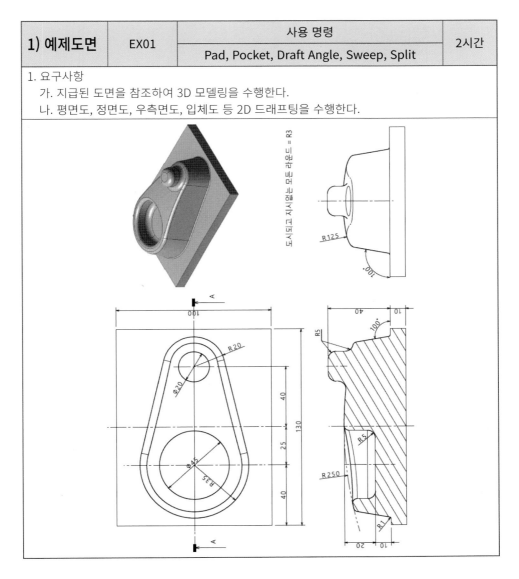

2) 3D 모델링

- CATIA의 작업창 화면은 기본적으로 진청색이지만 본서에서는 가독성을 높이기 위해 흰색 바탕으로 설정한다. 화면 하단의 Isometric View(⬛)를 클릭하여 컴퍼스의 x+가 우측으로 향한 것을 확인한다. → 3D 작업창 트리의 xy plane(①)을 선택하고 ctl+1을 눌러서 2D 스케치 워크벤치(이하 작업창)로 들어간다. r → 엔터 하여 rectangle(사각형) 명령을 한 뒤 H(Horizontal)축(②)과 V(Vertical)축(③)을 감싸면서 사각형 (④)을 그린다.

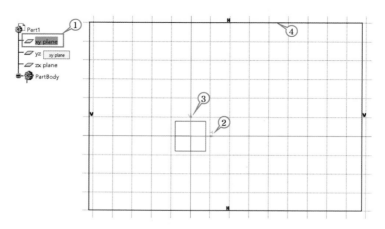

- 사각형의 아래쪽 가로선(①)을 선택하고 ctl+q를 누른 뒤 마우스로 가로선 아래 부분의 스케치 작업창 임의 위치에 클릭하여 치수를 생성한다. → 생성된 치수를 더블클릭하여 키보드 우측 숫자 자판에서 130 입력 → 엔터 한다. 이와 같이 치수를 입력하는 것을 치수구속이라 하며 수직선에 대해서도 동일한 방법으로 100을 입력한다.

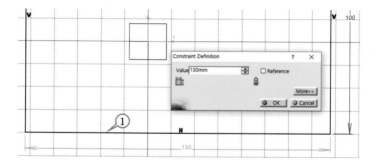

- ctl 키를 누른 상태로 사각형의 윗 가로선(①), 아래 가로선(②), 마지막으로 서로 대칭시킬 중심선인 H축(③)을 선택하고(이후부터 여러개의 요소를 동시에 선택할 때는 ctl 키를 누르면서 수행함) ctl+w를 누른 뒤 Symmetry(④)를 체크하고 엔터 한다. → 대칭 구속을 준 결과 ⑤와 같은 대칭 구속 기호가 도시된다. → 세로선들(⑥, ⑦)에 대해서도 동일한 방식으로 V축(⑧)에 대해 Symmetry 구속을 부여한다.

- 이와 같이 대칭 등 형상 관계를 이용하여 스케치 요소(Element)들을 구속하는 것을 형상구속이라 한다. 일반적으로 치수구속과 형상구속이 정확하게 되었다면 스케치 요소는 초록색으로 변하게 된다. 상하, 좌우가 대칭인 사각형의 경우 Centered Rectangle(▭) (cr → 엔터)을 활용하면 대칭 형상구속이 자동으로 설정된다.

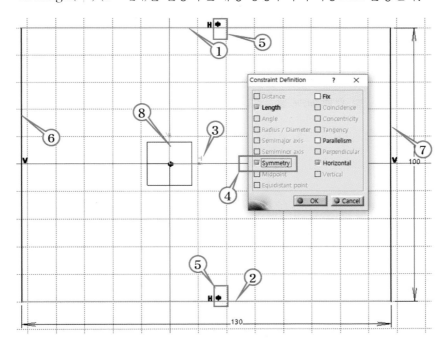

- ctl+2를 눌러 3D 작업창으로 나온 뒤 p → 엔터 → 10 → 엔터 하면 ①과 같이 Pad 다이얼로그의 Length 텍스트 박스에 자동으로 10이 입력되고 육면체가 생성된다. Length 텍스트 박스가 파란색으로 반전되어 있지 않을 경우 텍스트 박스를 클릭한 뒤 숫자를 입력한다. 육면체 Pad가 생성되면 Pad 상면(②)을 클릭하고 ctl+1하여 스케치로 들어간다.

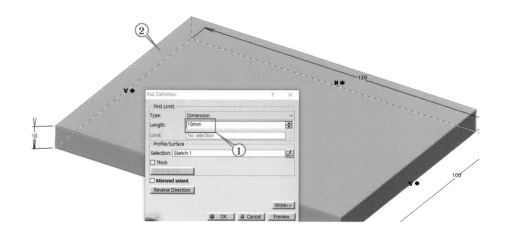

• a → 엔터 하여 ①와 같이 arc를 생성한다. arc(①)의 중점(②)과 시점(③)은 H축(④)

상에 클릭하고 종점(⑤)은 임의 위치에 클릭하여 arc 형상을 생성한다. → arc(①)를

클릭하고 ctl+q를 누른 뒤 생성된 치수를 → 더블클릭 → 35(⑥) 입력한다. ctl 키를

누른 상태로 arc의 중점(②)과 V축(⑦)을 동시에 선택한 뒤 ctl+q를 누르고 치수 더

블클릭 → 25(⑧) 입력한다. 동일한 방식으로 우측 arc(⑨)를 생성한다.

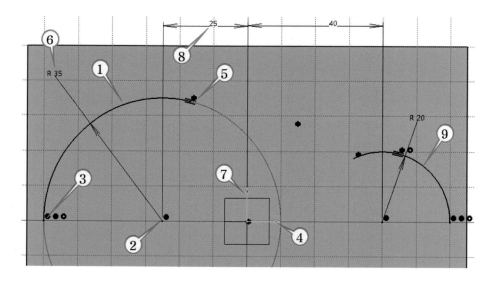

- $l \rightarrow$ 엔터 하여 line을 생성한다. 시작점은 우측 임의 위치(①)를 클릭하고 종점은 왼쪽 arc에 접하도록 ②와 같은 Tangency 구속 기호가 도시될 때 임의 위치를 클릭한다. → ctl 키를 누른 상태로 line(③)과 우측 arc(④)를 동시에 선택하고 ctl+w 하여 Tangency(⑤) 구속조건을 준다.

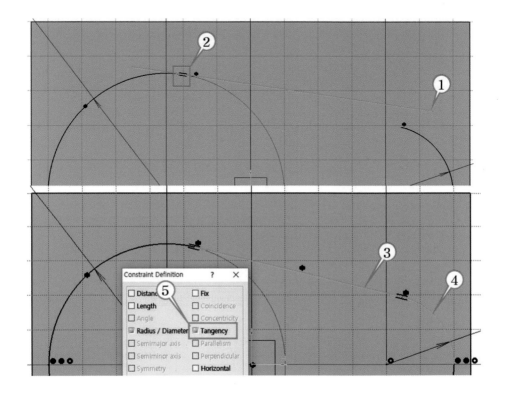

- Trim [ctl+e(✂)]과 Quick Trim [ctl+d(✐)]를 사용하여 불필요한 선을 절단 (트림)해 본다. 일반적으로 Quick Trim은 요소와 요소 사이에 있는 중간 요소(Mid trim)를 트림할 때 유용하지만 대부분의 경우 트림과 연장(Extend) 기능을 동시에 사용할 수 있는 Trim(End trim)을 주로 사용한다. 여기서는 연습의 목적으로 좌측 선은 Trim으로 우측 선은 Quick Trim으로 트림한다.
- ctl+e를 누른 뒤 직선의 중간 부분(①)을 클릭 → 트림하고자 하는 왼쪽 직선과 교차하는 왼쪽 arc의 중간 부분(②)을 클릭한다. → ctl+d를 누른 뒤 직선의 우측 부분(③)을 클릭하여 ④와 같이 트림을 완성한다.

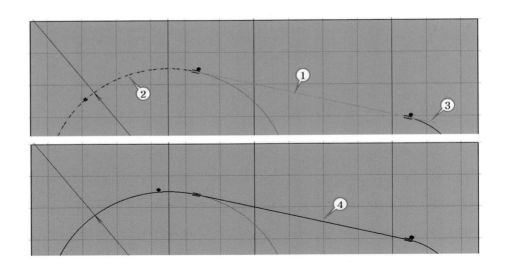

ctl 키를 누른 상태로 ①, ②, ③을 선택한 뒤 ctl+b → H축 클릭하여 대칭시킨다.

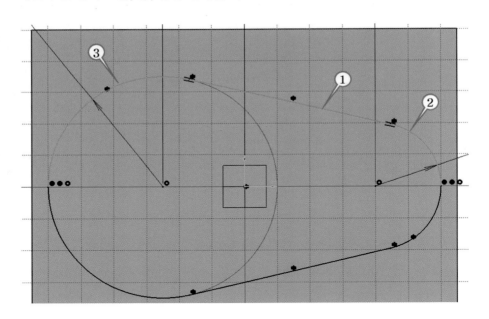

- ctl+2를 눌러 3D 작업창으로 나온 뒤 p → 엔터 → 50 → 엔터 하여 Pad를 생성한다. 3D 작업창으로 나올 때 언제나 작성하던 스케치가 선택되어(주황색) 있으나 3D 작업창에 나온 뒤 작업창 여백을 클릭하거나 하여 스케치 선택이 취소된 경우(흰색)는 트리나 작업창에서 스케치를 다시 선택한 뒤 3D 명령을 수행한다.

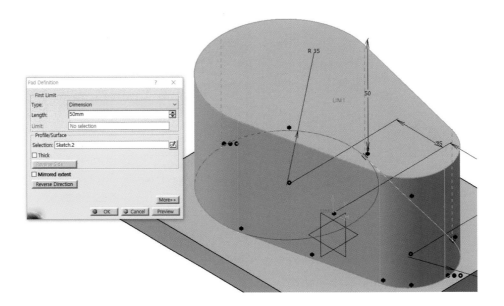

- d → 엔터 하여 Draft angle을 실행시키고 각도 10도(①)를 입력한다. → draft 각도를 줄 면(②)을 선택하고 draft의 기준평면(③)을 선택한다.

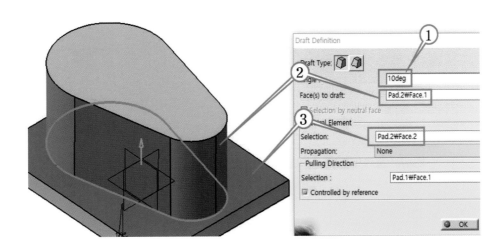

- 트리의 zx 평면을 선택하고 ctl+1을 하였을 때 아래 그림과 같이 컴퍼스의 x+ 방향(①)과 H축의 방향(②)이 반대인 경우 Reverse H(③)를 체크한다. → 반대 방향으로 스케치 작업평면에 들어가게 되면 모델링이 거꾸로 되므로 주의해야 하며 특히 정면도에 해당하는 zx 평면을 스케치 평면으로 할 때는 반드시 주의한다.

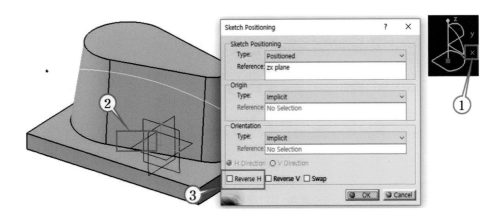

- zx 평면 스케치 작업창에서 a → 엔터 하여 ①과 같이 정면도의 arc를 그린다. arc의 중점은 H축 상에 클릭하고 시점과 종점은 좌우의 임의점을 클릭하여 arc 형상을 생성한 뒤 → ctl+q 하여 R 값(250)을 준다. arc와 육면체 상면 모서리를 함께 선택하고 ctl+q 하여 높이 값(30)을 부여한다. ctl+2하여 3D 작업창으로 나간다. 다시 트리의 yz 평면을 클릭하고 ctl+1하여 스케치 작업창으로 들어간 뒤 ②와 같이 우측면도의 arc를 생성한다.

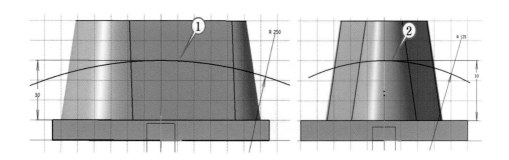

- sw → 엔터 하여 sweep 곡면을 생성한다. zx 평면(정면도)에서 스케치한 arc를
  Profile(①)로 yz 평면(우측면도)에서 스케치한 arc를 Guide Curve(②)로 선택한다.

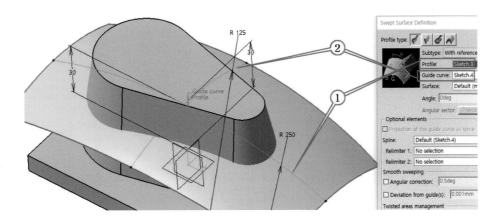

- sp → 엔터 하여 sweep 곡면을 선택함으로써 sweep 곡면을 Splitting Element로 하
  여 Pad 솔리드를 Split 한다. → Split에 활용이 끝난 곡선과 곡면 등은 해당 요소로
  마우스를 이동한 뒤 우클릭 → Hide 한다.

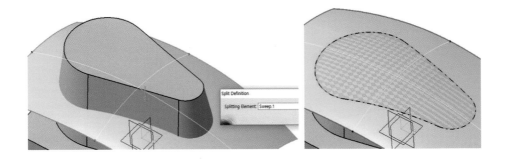

- 육면체의 상면을 클릭 → ctl+1 하여 스케치 작업창으로 들어가서 c → 엔터 하여
  ①과 같은 circle을 그리고, ctl+2 하여 3D로 나온 뒤 p → 엔터 → 40 → 엔터 하여
  Pad를 생성한다.

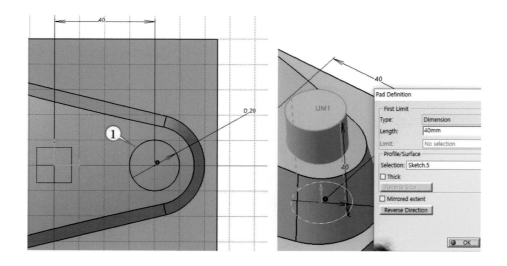

• Plane 아이콘(①)을 클릭하고 육면체의 상면(②)을 선택한 뒤 10(③)을 입력한다.

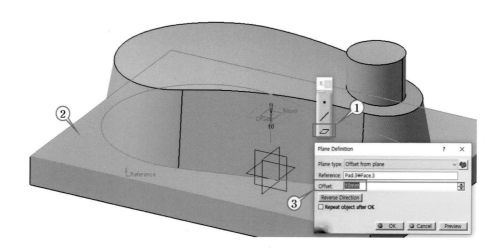

• 새롭게 생성한 10mm 옵셋 평면을 클릭하고 ctl+1하여 스케치 창으로 들어간다. →
c → 엔터 하여 ①과 같은 circle을 그리고, ctl+2하여 3D로 나온 뒤 po → 엔터 →
40 → 엔터 함으로써 Pocketing을 수행한다.

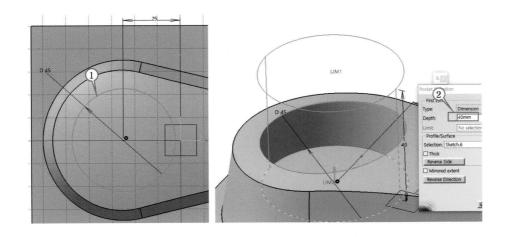

• f → 엔터 하여 ① → ③과 같이 필렛을 수행할 모서리를 선택하고 해당 요소의 R 값을 줌으로써 ④와 같이 최종 모델링을 완성한다.

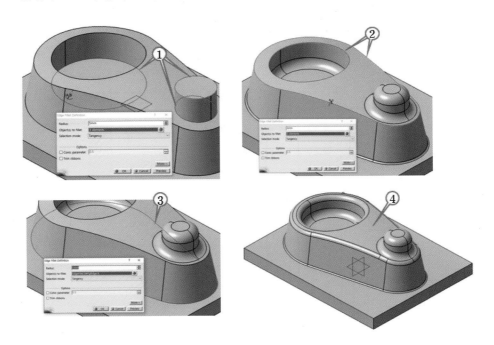

2.2 EX02 (Draft Angle by Parting Element)

1) 예제도면	EX02	사용 명령	2시간
		Draft Angle by Parting Element	

1. 요구사항

　가. 지급된 도면을 참조하여 3D 모델링을 수행한다.

　나. 평면도, 정면도, 우측면도, 입체도 등 2D 드래프팅을 수행한다.

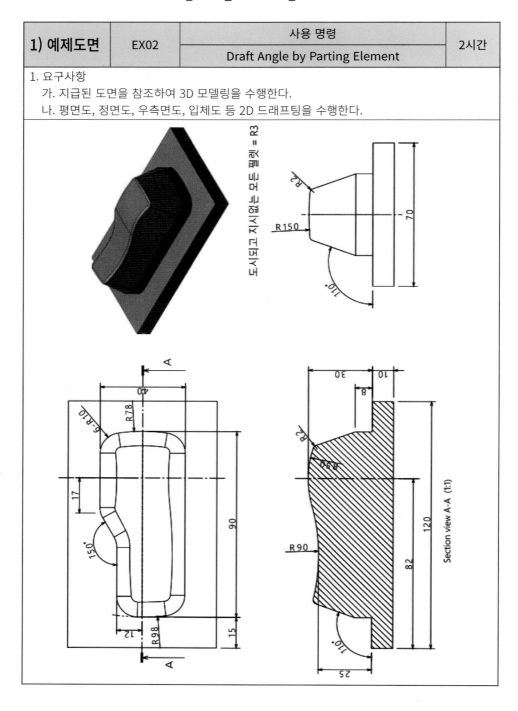

2) 3D 모델링

- 트리의 xy 평면을 선택하여 ctl+1을 누르고 2D 스케치 작업창으로 들어간다. r →
  엔터 하여 rectangle(사각형) 명령을 준 뒤 ctl+q를 이용하여 아래와 같이 ① → ③의
  순서로 가로, 세로 치수와 원점의 x 좌표 등 치수구속을 부여한다. 상하는 대칭이
  므로 ctl+w를 이용하여 ④와 같이 대칭으로 형상구속을 부여한다.

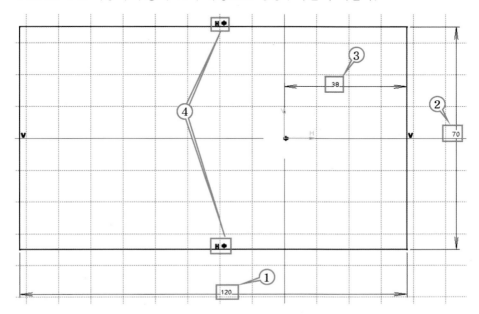

- p → 엔터 → 10 → 엔터 하여 Pad를 생성하고 Pad 상면을 클릭하고 ctl+1하여 스
  케치 창으로 들어간다.

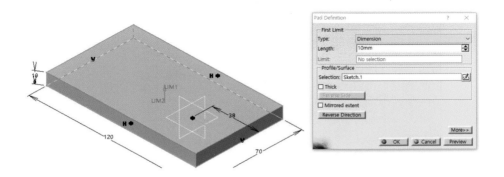

- a → 엔터 → 중점을 H축 상에 클릭하고 시점과 종점은 상하 임의 위치에 클릭하여 ①번 arc를 생성하고 ctl+q로 R값(98)을 준다. 육면체 좌측 모서리와 arc를 함께 선택하고 ctl+q 하여 거리값(15)을 입력한다. 동일한 방법으로 우측 arc(②)를 생성한다.

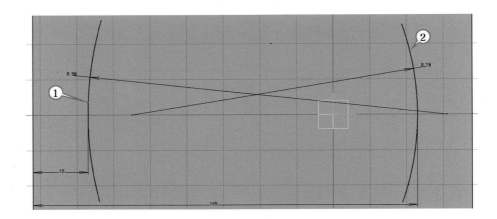

- H축을 클릭하고 space bar를 클릭한 뒤 위쪽 임의 위치에 클릭해 놓고 치수를 더블 클릭하여 20을 입력한다. 아래 쪽도 같은 방법으로 20 offset 함으로써 상, 하의 ①번 직선들을 만든다. 동일한 방법으로 12를 입력하여 ②번 직선을 만든다. V축을 클릭하고 space bar를 클릭한 뒤 왼쪽 임의 위치에 클릭해 놓고 치수를 더블 클릭하여 17(③)을 입력한다. l → 엔터 하여 교점 ④에서 좌측 하방향으로 대각선을 그린 후 ctl+q 하여 ⑤와 같이 각도 150을 입력한다.

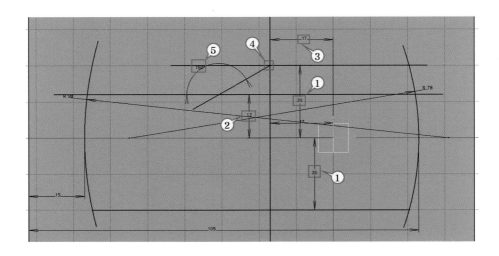

- ctl+e를 사용하여 전체적으로 트림한 뒤 ①번을 클릭하고 ctl+r 함으로써 점선 처리 한다. ①번 직선은 del 키로 지워도 되지만 그럴 경우 구속이 풀리게 되므로 점선 처리하는 것이 효과적이다.

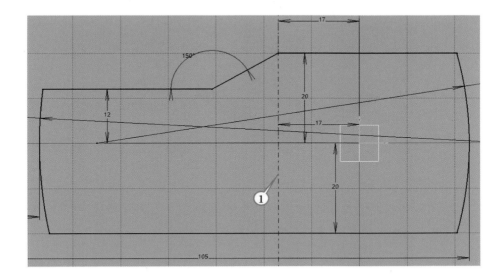

- 모서리 꼭지점들을 함께 선택한 뒤 f → 엔터 → Tab → 10 → 엔터 하여 필렛을 완 성한다. 하나씩 필렛을 할 경우에는 f → 엔터 → 연결된 두개의 직선을 함께 클릭 하고 → 10 → 엔터 한다.

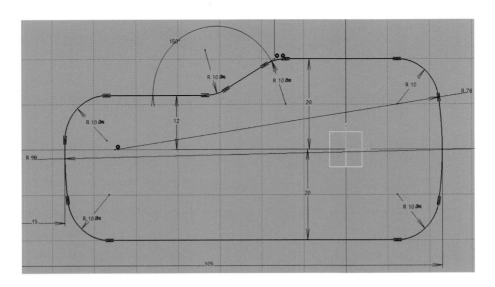

- ctl+2를 입력하여 3D로 나간 뒤 p → 엔터 → 35 → 엔터 한다.

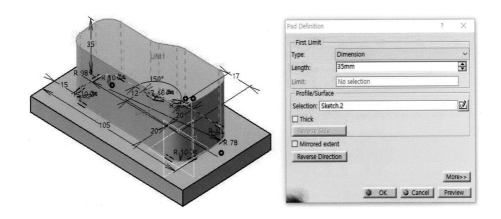

- Plane 아이콘(①)을 클릭 → 육면체의 상면(②) 선택 → 8(③) 입력 → 엔터 하여 평면 을 생성한다.

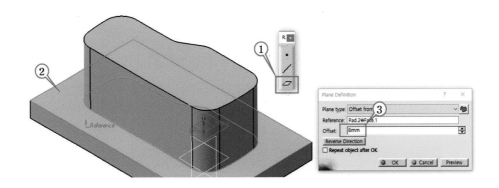

- d → 엔터 후 20도(①) 입력 → 드래프트할 면(②) 선택 → 중립면(③) 선택 → more(④) → Parting = Neutral(⑤)를 체크한다.
- 이와 같이 임의 평면(여기서는 육면체 Pad 상면으로 부터 8mm 옵셋 평면)에서 부터 draft angle 을 부여하고자 할 때, 즉 Parting Element를 이용하여 그 평면에서 부터 각도를 줄 때는 분할할 평면을 먼저 선택한 뒤 Parting Element 박스의 "Parting = Neutral" 옵 션을 체크한다.

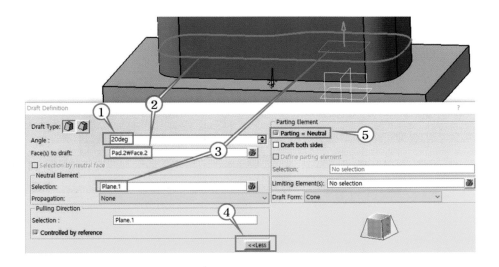

- 트리나 작업창에서 zx 평면을 선택하고 ctl+1 → Reverse H 체크 → 스케치 창에서
  a → 엔터 → V축 상에 arc의 중점(①) 클릭 → arc의 시점(②) 클릭 → arc의 종점(③)
  클릭하고 ctl+q로 R 50과 높이 30을 입력한다.
- t → 엔터 하여 Three point arc의 시점(④) 클릭 → Three point arc의 중간점(⑤) 클
  릭 → 우측 arc와 Tangency 구속이 되도록 Three point arc의 종점(⑥)을 클릭하고
  ctl+e를 사용하여 곡선을 정리한다.

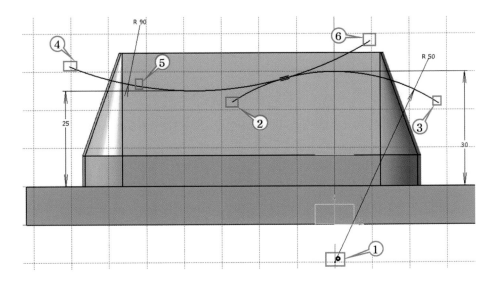

- 트리나 작업창에서 yz 평면을 선택하고 ctl+1 → → 스케치 창에서 a → 엔터 → V축 상에 arc의 중점 클릭 → arc의 시점과 종점을 좌우로 클릭하고 R 150과 높이 30 입력.

- sw → 엔터 하여 sweep 곡면을 생성한다. zx 평면(정면도)에서 스케치한 arc를 profile(①)로, yz 평면(우측면도)에서 스케치한 arc를 Guide Curve(②)로 선택한다.

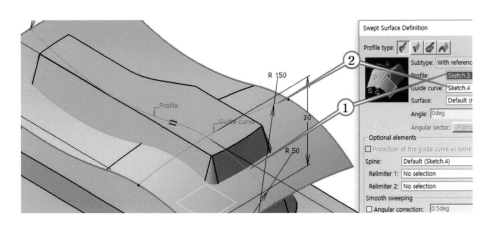

- sp → 엔터 하여 sweep 곡면을 선택함으로써 sweep 곡면을 Splitting Element로 하여 ①과 같이 Pad 솔리드를 절단한다. → ②와 같이 필렛을 수행할 모서리를 선택하고 f → 엔터 한다. → ③과 같이 최종 모델링을 완성한다.

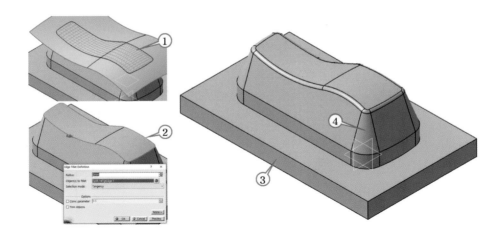

• 위 그림의 ④는 주어진 도면과 같이 테이퍼 부분 위로 올라 갈수록 필렛이 좁아지는 반면 만약 아래의 좌측 그림과 같이 2D 스케치에서 필렛을 주지 않고 추후 3D에서 필렛을 준다면 ⑤와 같이 테이퍼 부분 위로 올라 갈수록 필렛의 폭이 좁아지지 않고 평행하게 생성됨을 알 수 있다. 위 그림의 ④와 같이 2D에서 필렛을 준 경우 "2D 필렛"이라 하고, 아래 그림의 ⑤와 같이 3D에서 필렛을 준 경우 "3D 필렛"이라 한다. 따라서 주어진 도면에 준하여 2D 필렛과 3D 필렛을 적절히 선택해야 할 것이다.

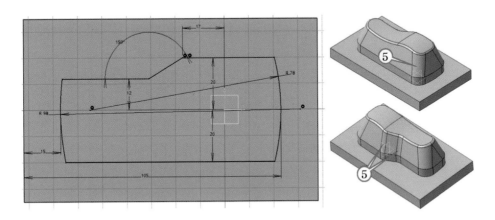

2.3 EX03 (Shaft, Offset)

1) 예제도면	EX03	사용 명령	2시간
		Shaft, Offset	

1. 요구사항

   가. 지급된 도면을 참조하여 3D 모델링을 수행한다.

   나. 평면도, 정면도, 우측면도, 입체도 등 2D 드래프팅을 수행한다.

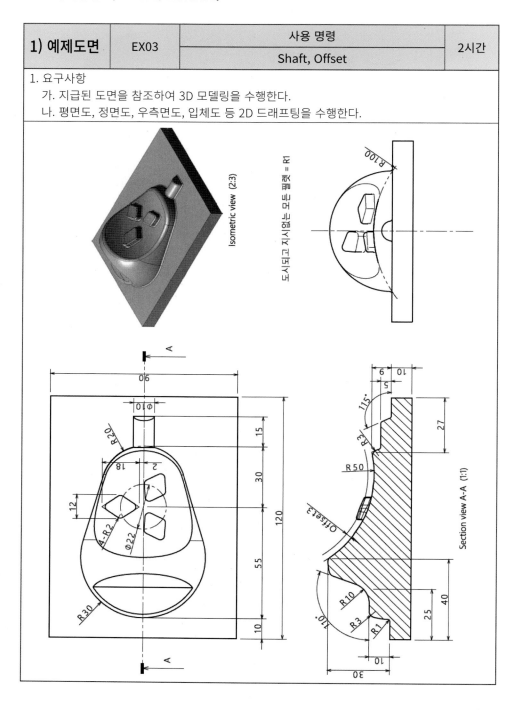

2) 3D 모델링

- 도면을 참조하여 2D 스케치 (xy 평면 선택하고 ctl+1) 에서 120×90으로 스케치하고 다
  이아몬드 형상 중심을 X 원점으로 하기 위해 좌측에서 65를 준다. Sketch Tools 툴
  바의 Grid를 비활성화하면 아래와 같이 그리드가 사라진다. 작업 시 Grid는 여러
  가지 측면에서 유용하고 3D 작업창과 2D 작업창의 구분 요인도 되므로 활성화하
  는 것이 좋다. 본 서에서는 가독성을 위해 비활성화한다.

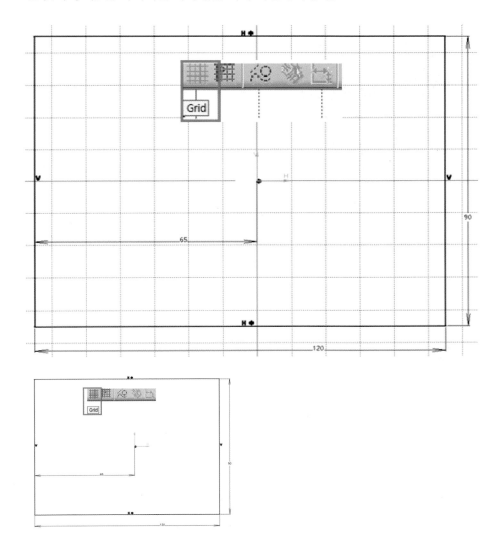

- ctl+2로 3D로 나간 뒤 p → 엔터 → 10 → 엔터 하여 육면체 Pad를 생성하고, Pad
  상면을 클릭하여 ctl+1 하여 아래와 같이 스케치한다. ctl+1으로 2D 작업창에 들어
  가고 ctl+2로 3D 작업창으로 빠져나오는 연습이 충분히 되었으므로 이제부터는 단
  축키 설명없이 "2D로 들어가고 3D로 나온다, 또는 zx 평면 스케치로 들어간다"고
  표현한다. 도면의 우측면도에 각도가 없다면 대부분 회전에 의한 솔리드 생성법인
  Shaft를 사용하며, 본 도면도 회전 솔리드이므로 스케치 창에서 반 단면만 스케치
  하여 Shaft를 수행한다.

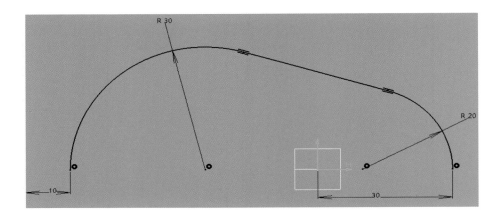

- 3D 창으로 나가서 s → 엔터 → 180(①) → 엔터 하고 회전중심축은 H축(②)을 클릭
  하면 ③과 같이 표시된다.

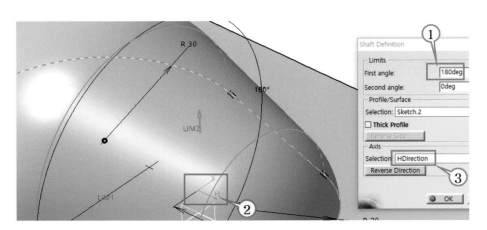

- zx 평면 스케치에서 좌측과 같이 스케치하고 3D로 나간 뒤 po → 엔터 하고 Mirrored extent를 체크한다.

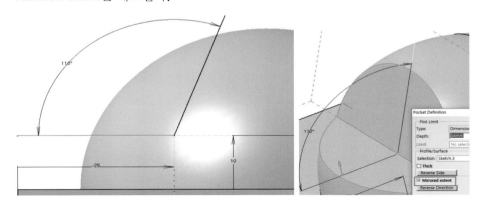

- zx 평면 스케치에서 t → 엔터 하여 three point arc를 대략 작도한 뒤 시점(①)과 종점(②)을 아래와 같이 ctl+q를 이용하여 연관 요소들과의 치수구속을 준다. → 아래의 경우 종점은 여유가 있어서 무관하나 시점(①)은 기존 모델(shaft)과 정확하게 일치된 상태이므로 이후 Sweep 곡면을 만들어 Split 할 때 길이가 짧을 수 있으므로 치수구속 완료 후에 좌측으로 여유 있게 연장 (ctl+e) 한다.

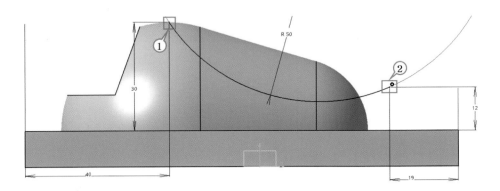

- yz 평면 스케치에서 a → 엔터 하여 arc의 중심점을 V축으로 하고 시점과 종점은 좌, 우로 적당히 한 뒤 R값(100)과 높이값(12)을 준다. 치수구속을 준 뒤 arc가 너무 길거나 짧아질 경우 아래의 화면과 같이 적당한 길이로 ctl+e 하여 길이를 연장하거나 줄인다.

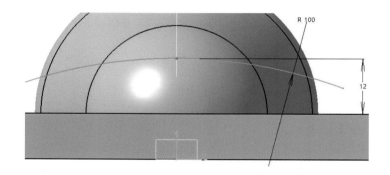

- sw → 엔터 하여 sweep 곡면을 생성한다. Profile은 zx 평면 스케치에서 작도한 arc 를, Guide Curve는 yz 평면에서 작도한 arc를 선택한다. 대부분의 sw은 정면도에 해당하는 zx 평면 스케치를 Profile로 하고 우측면도에 해당하는 yz 평면 스케치를 Guide Curve로 한다. 이후부터 sweep 곡면 생성은 이상 내용과 동일하다.

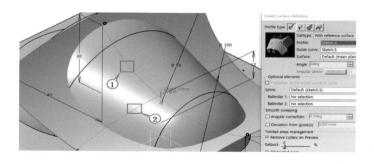

- off → 엔터 하여 sweep 곡면을 클릭하고 4 → 엔터 한다. offset 시에는 ①과 같이 화살표 방향에 주의한다. offset 값은 ②에 입력된다.

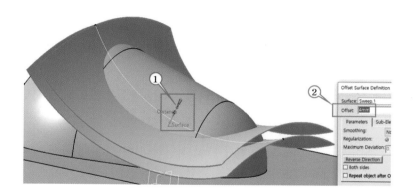

- offset 곡면은 우클릭 → hide 하고 sp → 엔터 → sweep 곡면 선택하여 아래와 같이 split을 수행한다.

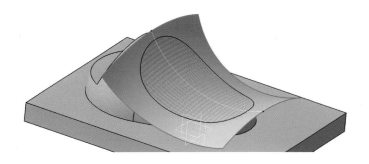

- 육면체 Pad 상면에서 아래와 같이 스케치한 뒤 3D로 나와 s → 엔터하고 ①번 직선을 회전중심축으로 하여 shaft를 수행하며 180도(②) 입력한다.

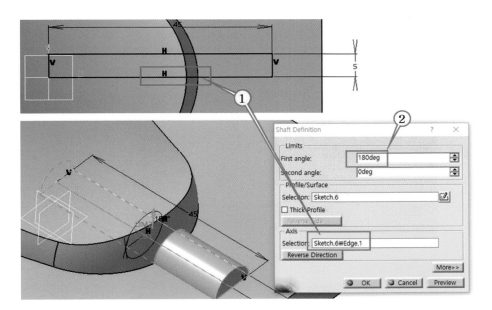

- d → 엔터 하여 25도 입력하고 shaft한 솔리드 우측면을 draft면으로, 육면체 Pad 상면을 중립면으로 하여 draft angle을 실행한다.

- 도면에 준하여 육면체 상면 스케치에서 H축 위쪽에 ①과 같이 스케치하고 필렛을 준 뒤 스케치 요소를 전체 선택하고 → Rotate(②) 아이콘을 클릭 → 회전중심점이 될 H축과 V축 원점을 클릭 → 회전 개수를 2로 입력(③) → 회전각도 120을 입력(④)한다.

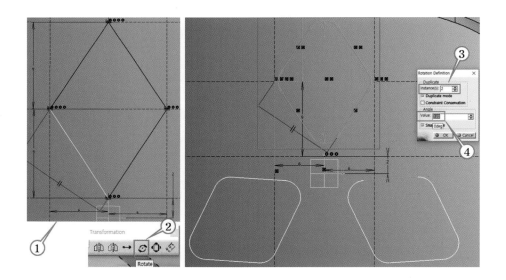

- 3D로 나가서 p → 엔터 하고 Type을 Up to surface(①)로 하고 이전에 생성한 offset 곡면(②)을 선택하여 다이몬드의 Pad를 완성한다. → 필렛을 마무리하여 최종 완성한다.

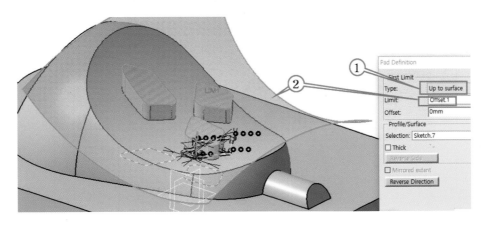

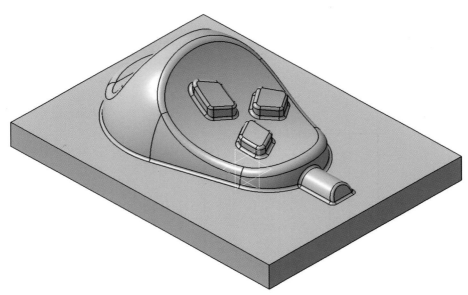

2.4 EX04 (Rib, Multi-Section Solid)

1) 예제도면	EX04	사용 명령	2시간
		Rib, Multi-Section Solid	

1. 요구사항
   가. 지급된 도면을 참조하여 3D 모델링을 수행한다.
   나. 평면도, 정면도, 우측면도, 입체도 등 2D 드래프팅을 수행한다.

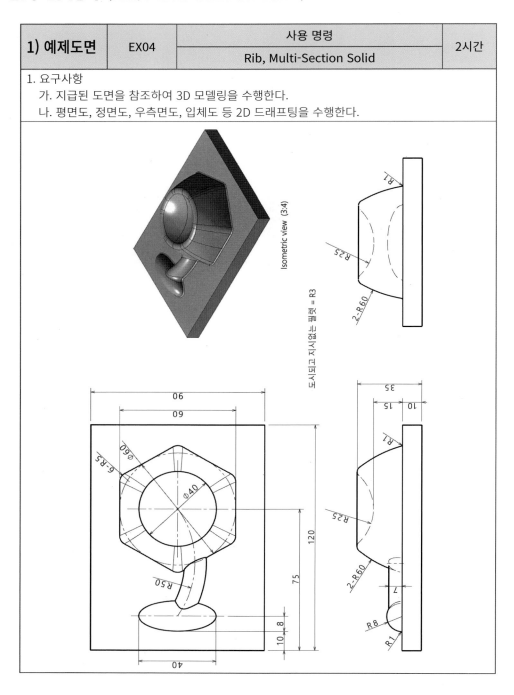

Isometric view (3:4)

도시되고 지시없는 필렛 = R3

2) 3D 모델링

- xy 평면 스케치에 120×90으로 사각형을 그리고 X 원점은 육면체의 중심까지 거리인 75로 하며 상하는 대칭(Symmetry) 형상구속을 준다. → 3D로 나가서 p → 엔터 → 10 → 엔터 하여 Pad를 생성한다.

- 육면체 Pad 상면 스케치에 직경 60에 외접하는 육각형(Hexagon)(⬡)을 스케치하고 R5로 필렛(f → 엔터)을 준다.

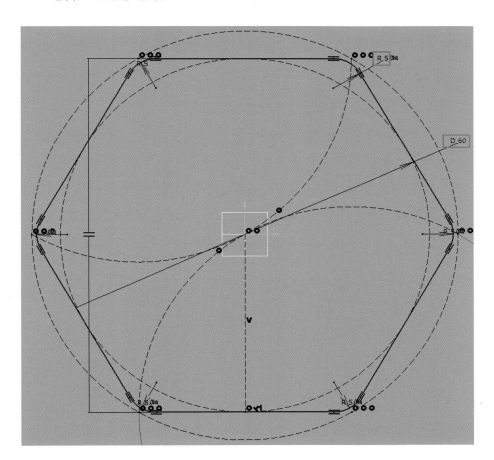

- xy 평면에서 35mm 옵셋 plane(▱)을 생성한다.

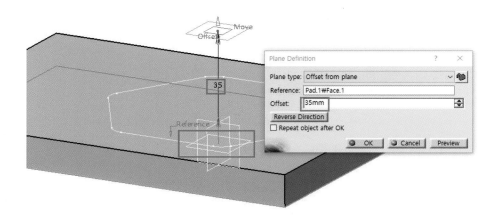

- 생성한 plane에 D40인 circle(c→엔터)을 그리고 3D로 나간다.
- zx 평면 스케치에서 D40인 circle(이하 원)(①)을 클릭하고 Project(②)를 클릭하면 ③ 과 같이 zx 평면에 투영된 직선이 생성된다. 마찬가지 방법으로 육각형의 필렛부 (④)를 클릭하여 Project(②)를 클릭하면 ⑤와 같이 투영된 직선이 생성된다. 이 두 개의 투영된 직선 끝점을 three point arc(t→엔터)의 시점과 종점으로 하여 arc(이하 원호)를 생성하고 R60을 주면 ⑥과 같이 생성된다.

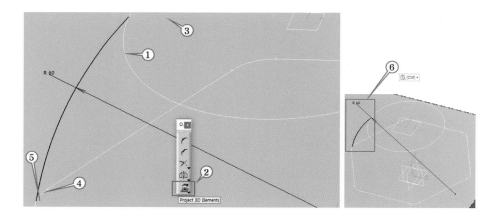

- 워크벤치 아이콘(①)을 더블 클릭하여 GSD(Surface 워크벤치)(②)로 가서 Symmetry(③) 를 클릭 → zx 평면에서 스케치한 원호 선택(④) → yz 평면 선택(⑤) 하여 → yz 평 면에 대칭인 원호를 생성한다.

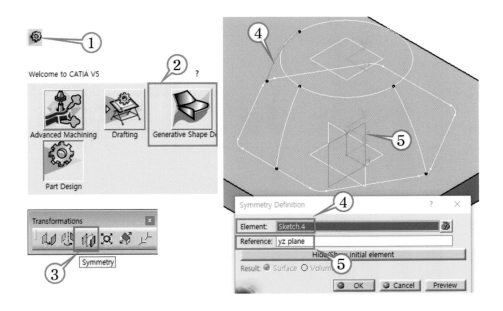

- 동일한 방법으로 yz에서 스케치한 원호를 zx 평면을 대칭면으로 하여 Symmetry 시켜서 zx 평면에 대칭인 원호를 생성한다.

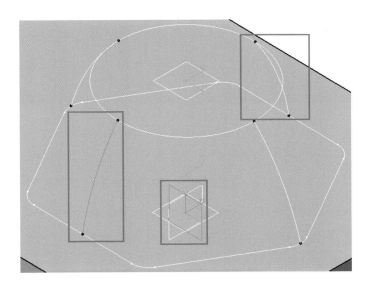

- Part Desing 워크벤치(①)에서 m → 엔터 하여 Multi-Section Solid를 생성한다. Section(②)은 육각형(③)과 원(④)을 선택하고 Guide(⑤)는 zx 평면과 yz 평면에서 작성한 원호들(⑥ → ⑨)을 선택한다. Coupling의 Ratio(⑩)를 선택하며 원의 Closing Point(⑪)와 육각형의 Closing Point(⑫)를 동일한 선상인 Guide.3(⑨) 양 끝점으로 이동한다. → Closing Point 글자(⑪) 우클릭 → Replace 클릭 → Guide.3(⑨) 끝점 클릭의 방법으로 이동하며 화살표 방향도 같은 방향으로 일치시킨다.

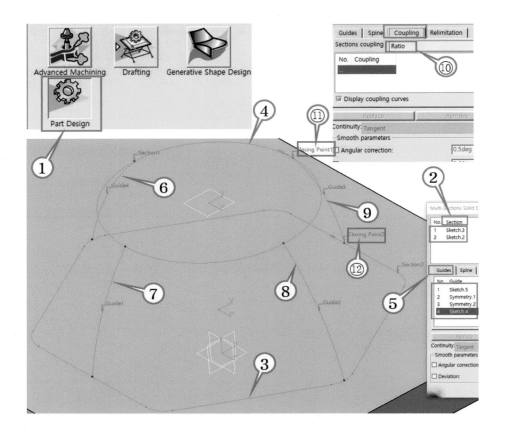

- zx 평면 스케치에서 a → 엔터 하여 중점을 V축 상에 놓고 아래와 같이 원호를 생성한다. → 3D로 나가서 g → 엔터 하고 회전중심축을 스케치의 직선(①)으로 선택하여 groove를 생성한다. s(shaft)가 반 단면 스케치를 회전축을 중심으로 회전하여 솔리드를 생성한다면 g(groove)는 반 단면 스케치를 회전축을 중심으로 회전하여 기존 솔리드를 제거하는 명령이다.

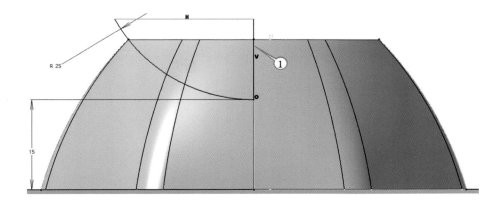

- 육면체 상면 스케치에서 원호(ellipse)(◯) 아이콘을 클릭 → H축(①)과 육면체 좌측 모서리에서 18mm 옵셋된 직선(②)과의 교차점에 타원의 중점(③)을 클릭하고 형상을 대략 생성한다. → 생성한 타원을 더블 클릭하여 ④와 같이 장축의 반지름과 단축의 반지름을 입력한다. → s → 엔터 하고 18mm 옵셋 직선(②)을 회전 중심으로 선택하여 shaft를 생성한다.

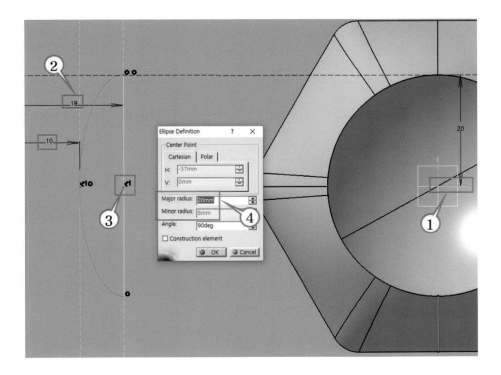

• yz 평면 스케치에서 a → 엔터 하여 R7인 원호를 생성한다.

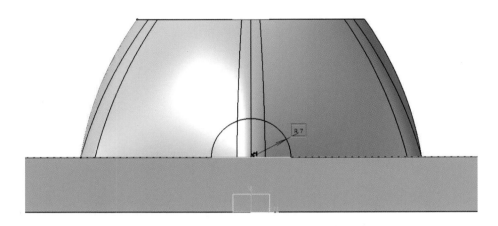

• 육면체 상면 스케치에서 t → 엔터 하여 원점과 타원의 중점을 각각 three point arc
의 시점과 종점으로 하는 원호를 생성한다. three point arc의 중간점은 가운데 지
점을 대략적으로 클릭하고 → R50으로 치수구속을 한다.

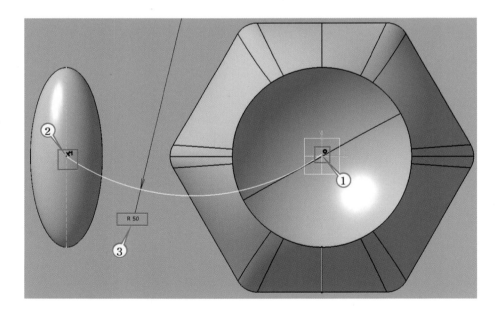

- r → 엔터 하고 Profile은 yz 평면에서 생성한 원호(①)를, Center curve는 육면체 상면에서 생성한 원호(②)를 선택하여 rib를 생성한다.

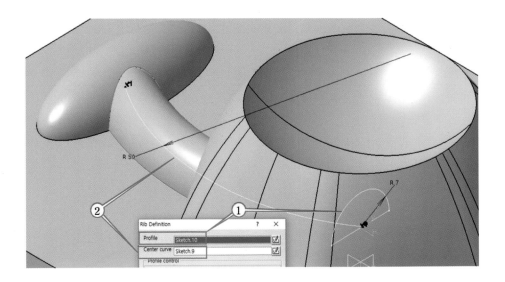

- 필렛이 잘 들어가지 않는 경우 아래와 같이 Selection mode를 minimal로 하여 필렛을 주고 모델링을 완성한다.

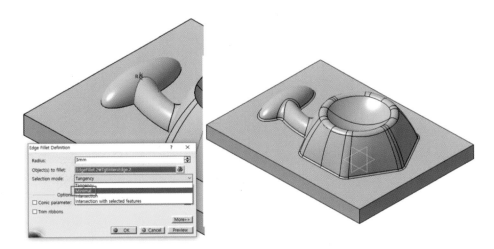

2.5 EX05 (Multi-Section Surface)

1) 예제도면	EX05	사용 명령	2시간
		Multi-Section Surface	

1. 요구사항

　가. 지급된 도면을 참조하여 3D 모델링을 수행한다.

　나. 평면도, 정면도, 우측면도, 입체도 등 2D 드래프팅을 수행한다.

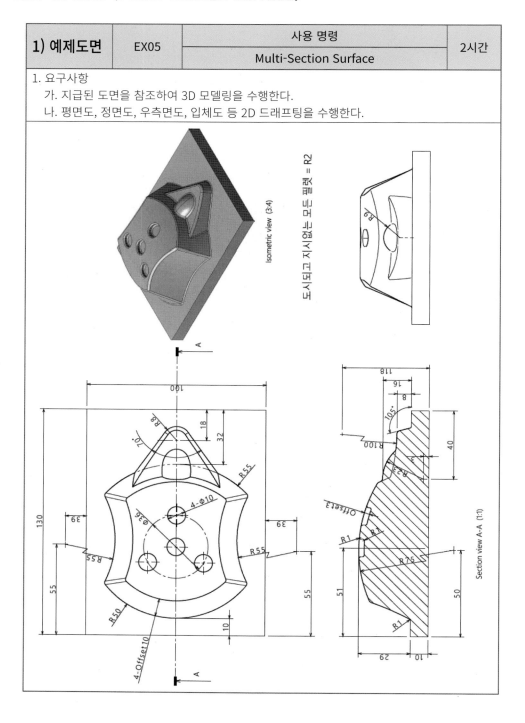

2) 3D 모델링

- xy 평면 스케치에 100×100으로 사각형을 그리고 X 원점은 D10 원의 중심까지 거리인 51로 하며 상하는 대칭(Symmetry) 형상구속을 준다. → 3D로 나가서 p → 엔터 → 10 → 엔터 하여 Pad를 생성한다.

- 육면체 Pad 상면 스케치 창에 도면을 참조하여 아래와 같이 반만 스케치한 뒤 Mirror(ctl+b) 한다. → 3D로 나가서 p → 엔터 → 35 → 엔터 하여 Pad를 생성한다.

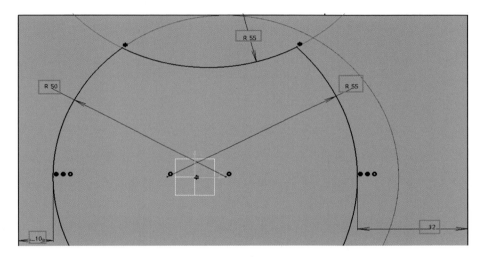

- zx 평면 스케치에 R75인 원호를 그린다.

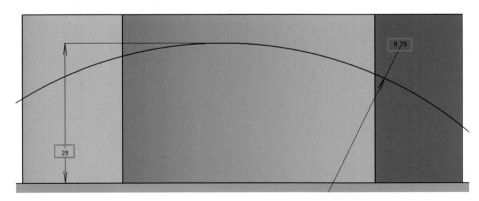

- 3D로 나가서 GSD의 Extrude를 이용하여 생성한 원호를 양쪽(Mirrored Extent)으로 46 이상으로 하여 솔리드를 Split 할 정도로 준다.

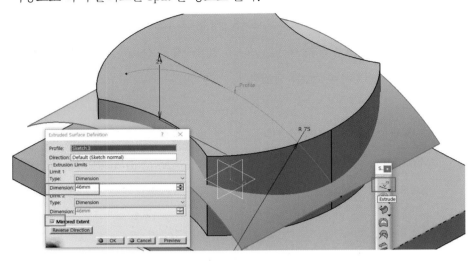

- sp → 엔터 하여 Extrude 곡면을 이용하여 솔리드를 split 한다. → off → 엔터 하여 Extrude 곡면을 아래쪽으로 3mm 옵셋한다. 육면체 상면 스케치에서 boundary(①)를 클릭하고 space bar를 눌러 10mm 옵셋(②) 하여 옵셋 곡선(③)을 생성한다.

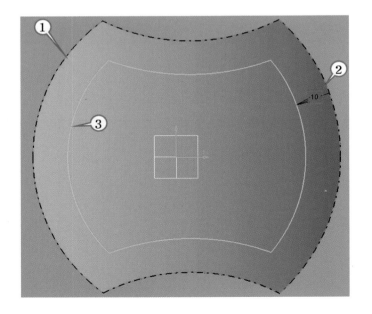

• 3D로 나가서 GSD의 Projection(①)을 클릭한다. → Projection type을 Along a direction으로 한다. → 옵셋 곡선을 Projected로 선택한다. → Support는 Extrude 곡면(③)으로 한다. → Direction은 Z축(④)으로 설정하여 ⑤와 같이 옵셋 곡선을 Extrude 곡면에 투영한다.

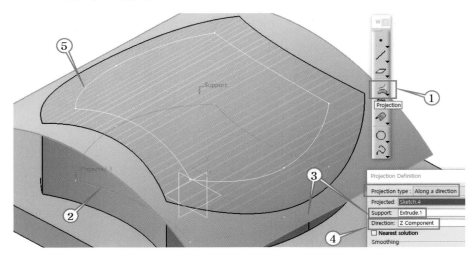

• GSD의 line 명령(①)으로 Sketch.2(②)와 Project.1(③)을 연결하는 직선 4개를 생성한다.

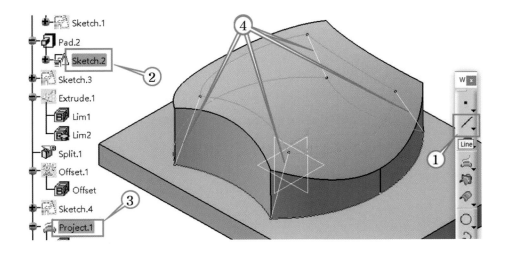

- 트리의 Split.1(①)을 우클릭 hide 하고 Multi-Section Surface(②)를 실행한다. Part Design (Solid)에서 수행하는 Multi-Section Solid는 단면곡선(Section)이 반드시 평면에서 스케치된 요소(Element)여야 하나 GSD (Surface)에서 수행하는 Multi-Section Surface는 평면에서 스케치된 요소가 아니라 Project.1과 같이 곡면상에 투영된 곡선도 단면곡선(Section)으로 사용할 수 있는 장점이 있다. 따라서 본 예제와 같이 하나는 평면에서 만든 스케치이고 하나는 곡면에 투영한 곡선인 경우 Multi-Section Solid는 사용할 수 없지만 미리 Pad로 Solid를 생성한 후에 Multi-Section Surface를 생성하여 Split 한다. sp → 엔터 하고 Multi-Section Surface를 선택함으로써 ⑦과 같이 Split을 수행한다.

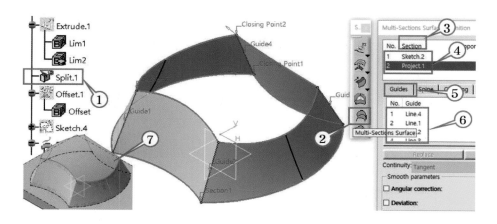

- 육면체 상면 스케치에서 D10 원(①)을 그리고 선택 → Translate (②) 클릭 → ③번 점을 클릭하고 ④와 같이 18 입력하여 복사 이동한다. 복사 이동한 원(⑤) 선택 → Rotate(⑥) 클릭하고 복사 갯수 2개(⑦) → 회전 중심점(⑧) 클릭 → 회전각도 120도 (⑨) 입력하여 복사 회전한다.

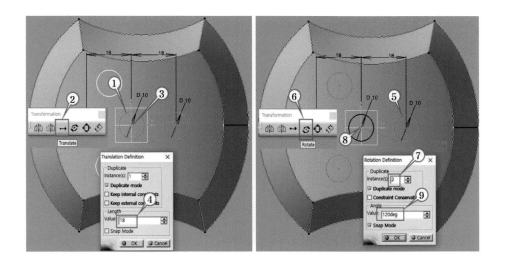

생성한 스케치를 po → 엔터 하여 First Limt(①)은 치수로 35(②) 주고 Second Limit(③)은 Up to surface(④)로 기 생성하였던 옵셋 곡면(⑤)을 선택한다. 즉 35로 올렸다가 다시 옵셋 곡면까지 내려가면서 Pocket 하는 방식이다.

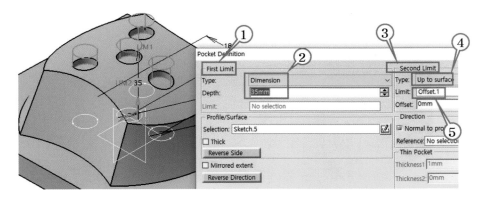

- 메인 메뉴 Insert에서 Body(①)를 추가하고 육면체 상면 스케치 창에서 아래와 같이 스케치한다. → 3D로 나가서 p → 엔터 → 20 → 엔터 하여 Pad를 생성한다.

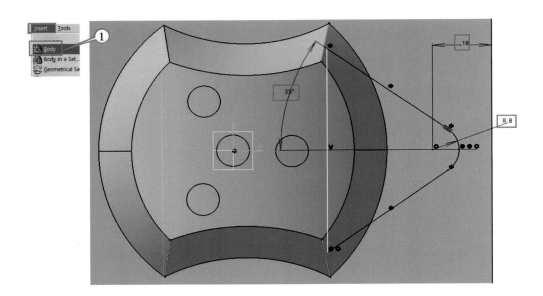

- 생성한 Pad 옆면에 도면을 참조하여 Draft Angle 15도(①)를 준다. Inert → Body 하여 새로 추가한 Body 이므로 중립면(②)은 Part body의 육면체 상면을 쓸 수 없고 자신의 바닥면(③)을 선택한다.

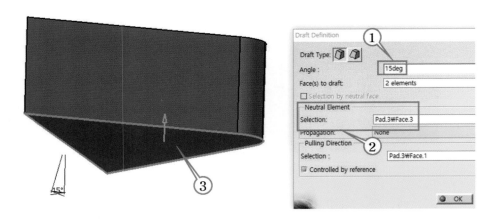

- zx 평면 스케치에서 생성한 Pad를 자를 곡선을 다음과 같이 Intersect(⚒)와 offset(space bar)을 이용하여 만든 교점을 활용하여 만든다.

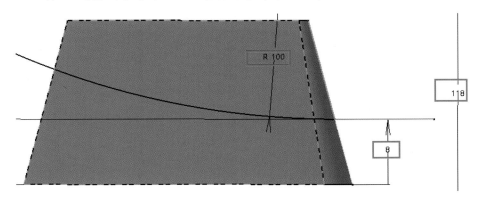

- zx 평면 스케치에서 Center Curve로 사용할 원호(①)를 만들고 육면체 상면 스케치 창에서 Center curve로 사용할 원호를 투영(⚒)하여 D18원과 구속되도록 스케치 한다. → r → 엔터 하여 D18 원을 Profile로, 원호를 Center Curve로 하여 ④와 같이 입력하며 rib를 생성한다.

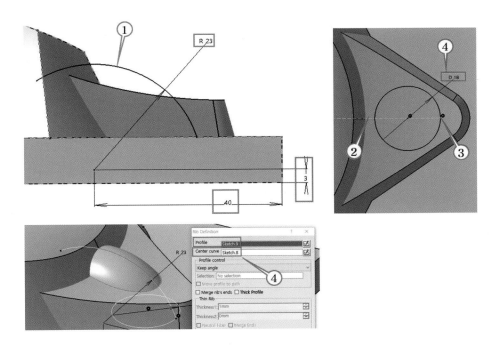

• Part Body를 우클릭 → Define(①) 하면 ②와 같이 밑줄이 생긴다. → insert한 Body.2(③)를 우클릭 Assemble(④) 하여 하나로 합친다. 이와 같이 솔리드와 솔리드 끼리 합하거나 빼는 것을 Boolean Operation 이라 한다.

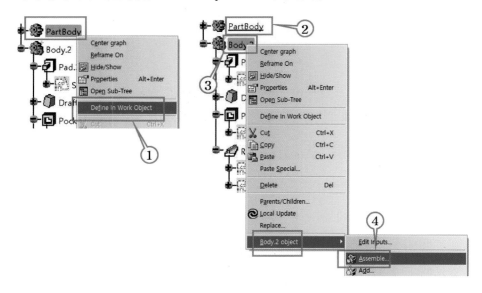

• 필렛을 마무리하여 완성한다. 필렛의 순서는 항상 한 번에 필렛이 돌 수 있도록 사전에 Tangency 조건을 만든다는 생각으로 정한다. 아래의 ① → ②를 먼저 필렛 하면 ③번 필렛에서 Tangency 조건이 만족되어 ③번은 한번에 필렛이 된다. 마찬가지로 ④ → ⑤번을 먼저 필렛 하면 ⑥번은 한번에 돌 수 있게 된다.

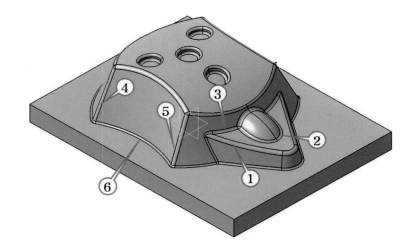

2.6 EX06 (Boolean Operation using Assemble)

1) 예제도면	EX06	사용 명령	2시간
		Boolean Operation using Assemble	

1. 요구사항

가. 지급된 도면을 참조하여 3D 모델링을 수행한다.

나. 평면도, 정면도, 우측면도, 입체도 등 2D 드래프팅을 수행한다.

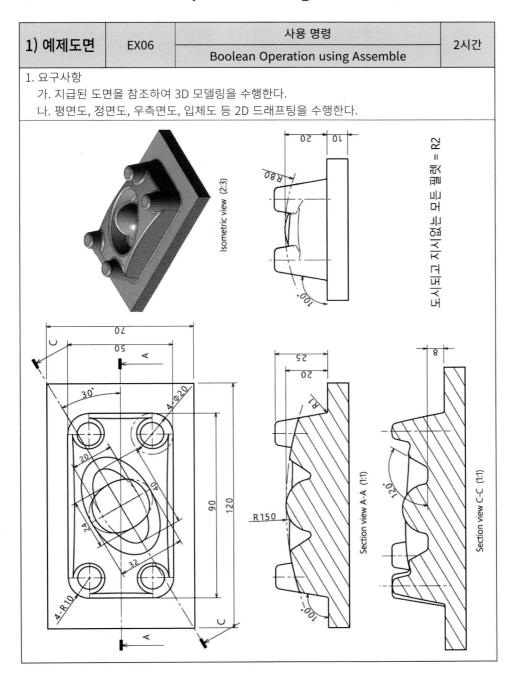

2) 3D 모델링

- EX05의 Part Body 부는 Muti-Section Surface를 사용한 Solid 인데 반해 Body.2는 Draft angle을 부여해야 하므로 Body를 따로 정의하여 모델링 한 후에 Assemble을 사용하여 Boolean Operation을 수행하였다. 본 예제 또한 Part Body부 (메인 몸체)와 돌출된 4개의 기둥이 Draft angle로 되어 있기 때문에 하나의 Body로 모델링할 수 없으므로 메인 메뉴의 Inset Body 하여 따로 모델링 후 하나로 합친다.

- xy 평면 스케치에 120×70으로 사각형을 그리고 상하, 좌우 모두 대칭(Symmetry) 형 상구속을 준다. → 3D로 나가서 p → 엔터 → 10 → 엔터 하여 Pad를 생성한다.

- 육면체 상면 스케치 창에 아래와 같이 스케치하고, p → 엔터 → 25 → 엔터 하여 Pad를 생성한다.

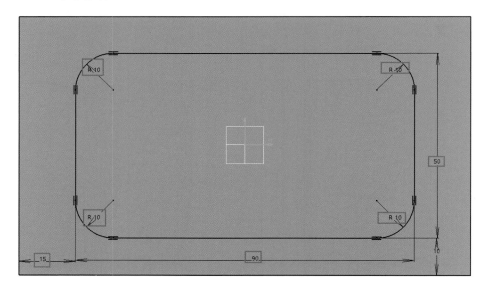

- 정면도 원호(zx 평면)과 우측면도 원호(yz 평면)를 각각 아래와 같이 스케치하고 정면 도 원호를 Profile로, 우측면도 원호를 Guide Curve로 하여 sweep(sw → 엔터) 곡면을 만들고 split(sp → 엔터) 한다.

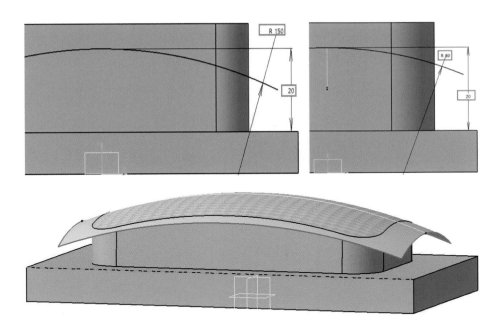

• 메인 메뉴 → Insert Body 해서 Body.2를 추가한 뒤 육면체 상면 스케치 창에 아래
와 같이 스케치한다. → p → 엔터 → 25 → 엔터 하여 Pad를 생성하고 Draft angle
10도를 부여한다.

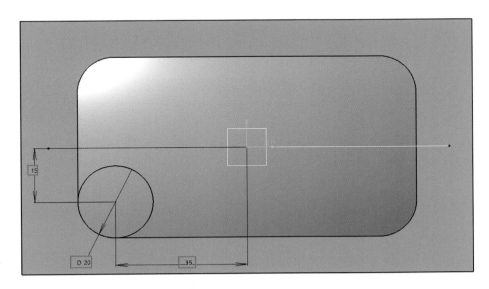

- Body.2에 생성한 Pad(①)를 클릭하고(가급적 트리에서 선택) → Mirrror(②)를 클릭 → yz 평면(③)을 선택하면 ④가 생성되고, ①, ④를 함께 클릭하고 zx 평면(⑤)을 선택하면 ⑥, ⑦이 생성된다. → Part Body를 우클릭 Define 하고 → Body.2를 우클릭 Assemble 한 뒤 Part Body에도 Draft angle을 부여한다.

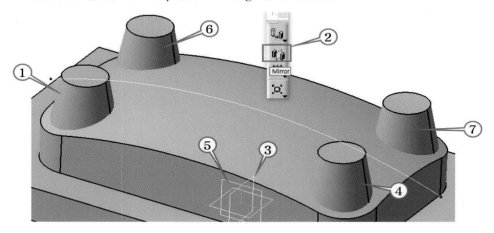

- 육면체 상면에서 8mm 옵셋한 평면의 스케치 창에서 ellipse(①)를 클릭하고 원점에 중점을 찍고 대략 형상만 만든 후 다시 더블 클릭하여 ②와 같이 입력한다. → po → 엔터 → 25 → 엔터 하여 Pocketing을 수행한다. → Pocketing 옆면에 30도 Draft angle을 부여한다.

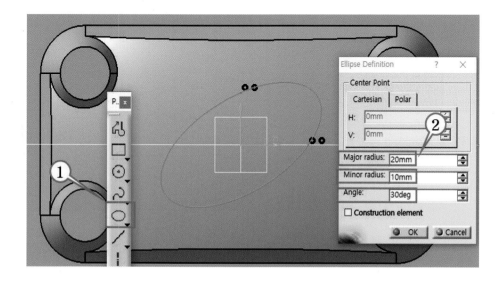

- 육면체 상면에서 8mm 옵셋한 평면의 스케치 창에서 ellipse를 클릭하고 원점에 중점을 찍고 대략 형상만 만든 후 다시 더블 클릭하여 ①과 같이 입력한다. → s → 엔터 → 회전중심 축(②) → 클릭하여 Shaft를 생성한다.

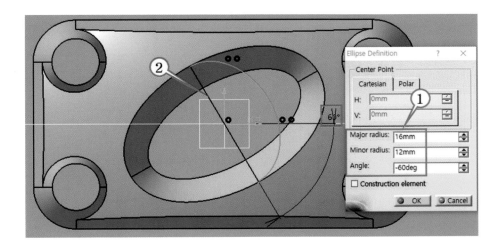

- 필렛을 부여하고 완성한다.

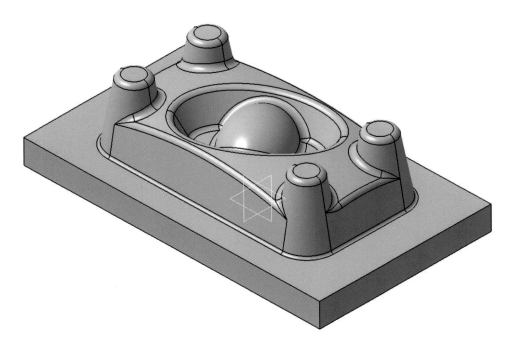

2.7 EX07 (Groove, Removed Multi-Section Solid)

1) 예제도면	EX07	사용 명령	2시간
		Groove, Removed Multi-Section Solid	

1. 요구사항

　가. 지급된 도면을 참조하여 3D 모델링을 수행한다.

　나. 평면도, 정면도, 우측면도, 입체도 등 2D 드래프팅을 수행한다.

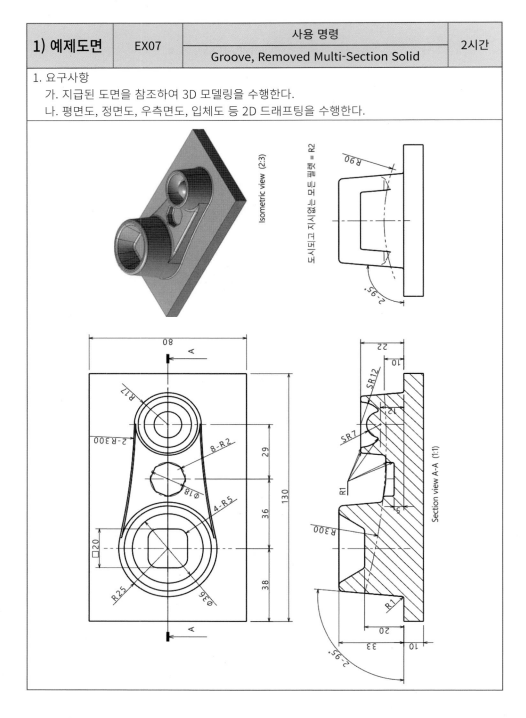

2) 3D 모델링

- xy 평면 스케치에 100×80으로 사각형을 그리고 X 원점은 사각형 중심까지 거리 인 38로 하며 상하는 대칭(Symmetry) 형상 구속을 준다. → 3D로 나가서 p → 엔터 → 10 → 엔터 하여 Pad를 생성한다.

- 육면체 Pad 상면 스케치에 D50 원을 그리고 3D로 나가서 p → 엔터 → 33 → 엔터 하여 Pad를 생성한다. → Draft angle 5도를 부여한다. → 생성한 Pad 상면에 D36 원을 그린다. → Plane 아이콘(⬭)을 클릭하여 육면체 상면에서 아래로 20 옵셋된 평면을 생성하고 아래와 같이 사각형(r → 엔터)을 그린다.

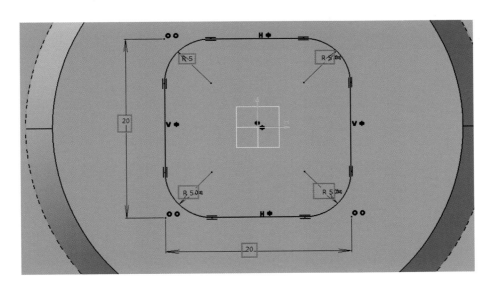

- Removed Mult-Section Solid(①)를 클릭하여 원과 사각형을 선택하며 유사한 위치에 Closing Point가 잡혔는지 확인한다. 이와 같이 Multi-Section Solid는 형상이 상이한 Section 스케치를 이용하여 솔리드를 생성하는 반면 Removed Multi-Section Solid는 형상이 상이한 Section 스케치를 이용하여 솔리드를 제거하는 명령이다.

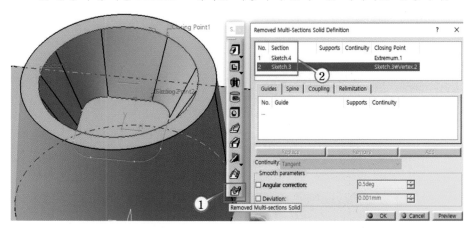

- 우측에도 아래와 같은 원을 스케치한 뒤 → 3D로 나가서 p → 엔터 → 22 → 엔터하여 Pad를 생성하고 Draft angle 5도를 부여한다.

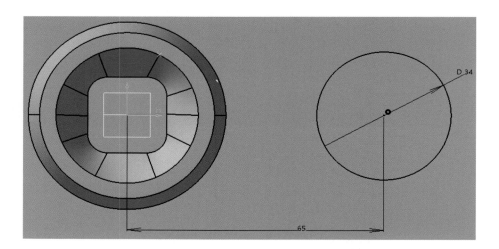

• zx 평면에 아래와 같이 스케치하고 g → 엔터 하여 groove를 생성한다.

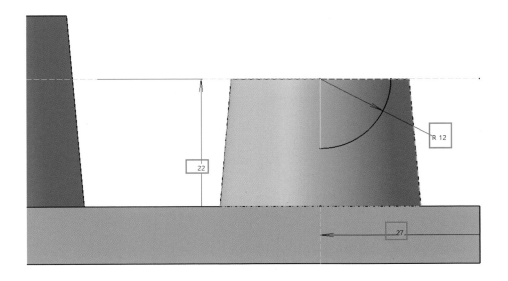

• 육면체 상면에서 아래와 같이 반원을 스케치한 뒤 → 3D로 나가서 s → 엔터 하여 shaft를 생성한다. 결국 구로 만들어진다.

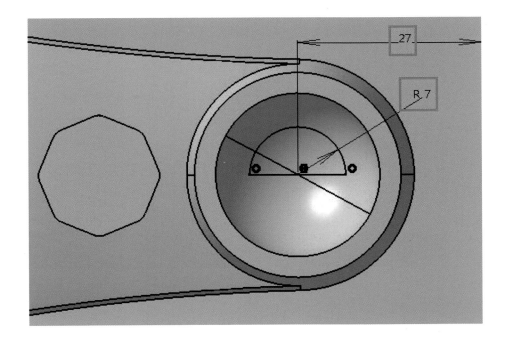

- 메인 메뉴의 Insert → Body 하여 Body.2를 생성하고 육면체 상면에 아래와 같이 스케치한다. → Part Body에서 만든 원들을 Project 시켜서 활용하고 t → 엔터 하여 두 원에 접하는 원호를 생성한다. → 3D로 나가서 → p → 엔터 → 22 → 엔터 하여 Pad를 생성하고 → Draft angle 5도를 부여한다.

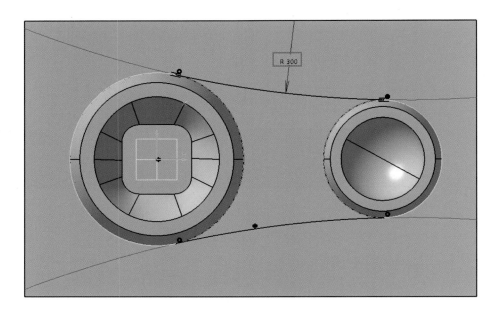

- zx 평면 스케치에서 Part body의 Pad 들을 Intersect(🔩) 하여 추출한 직선과 옵셋 직선과의 교점 ①, ②를 시점과 종점으로 하는 three point arc를 생성한다.

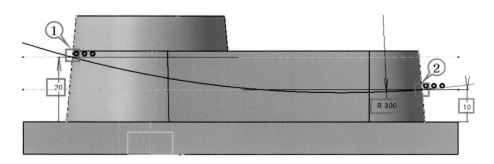

- yz 평면에서 ③과 같이 스케치하고 sw → 엔터 하여 ④ 와 같이 sweep 곡면을 생성한다. → sp → 엔터 하여 sweep 곡면을 선택함으로써 솔리드를 Split 한다.

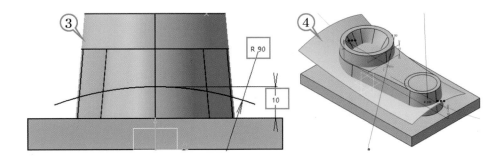

- 육면체 상면에서 5mm 옵셋 평면을 생성하고 → 옵셋 평면에 아래와 같이 스케치한다. → D18 원을 클릭하고 Equidistant Points(①)를 클릭하여 8개의 점을 원주 상에 만들고 → p → 엔터 하여 점을 연결하는 profile을 스케치하며 → 3D로 나가서 po → 엔터 하여 Pocketing을 수행한다.

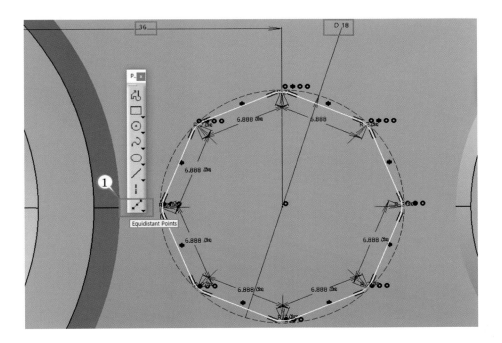

- 다른 방법으로 N각형의 내각을 구하여 작도에 활용할 수도 있다. 8각형의 경우 식 (1)의 N에 8을 대입하면 사이각은 135도이고 이 각도를 이용하여 작도할 수 있다.

$$N각형의 \; 내각(사이각) = \frac{180(N-2)}{N}$$

(1)

- Part Body를 우클릭 → Define 시키고 → Body.2를 우클릭 → Asseble 한다. → 필렛을 생성하여 모델링을 완성한다.

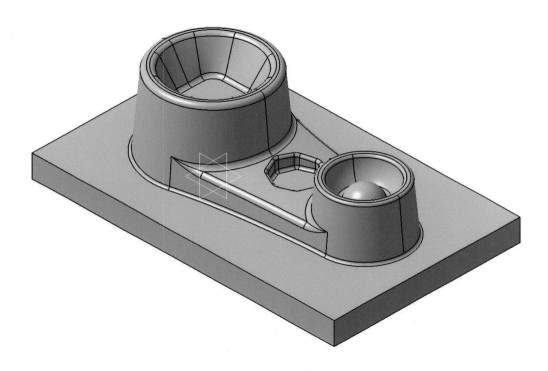

2.8 EX08 (Slot)

1) 예제도면	EX08	사용 명령	2시간
		Slot	

1. 요구사항
   가. 지급된 도면을 참조하여 3D 모델링을 수행한다.
   나. 평면도, 정면도, 우측면도, 입체도 등 2D 드래프팅을 수행한다.

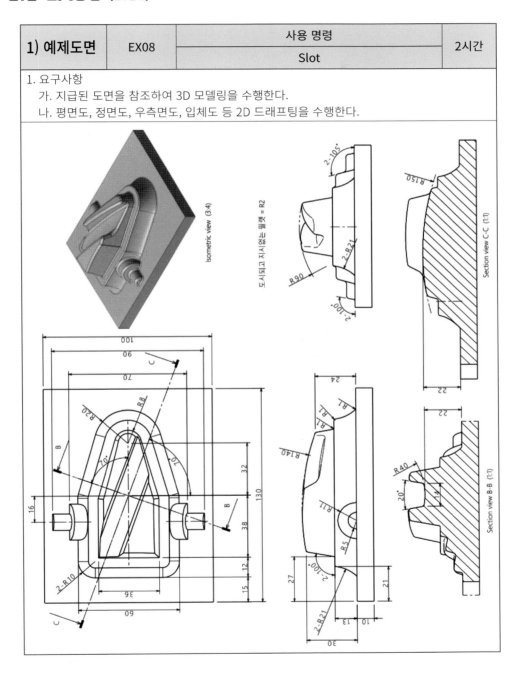

2) 3D 모델링

- xy 평면 스케치에 130×100으로 사각형을 그리고 X 원점은 육면체의 중심까지 거리인 65로 하며 상하는 대칭(Symmetry) 형상구속을 준다. → 3D로 나가서 p → 엔터 → 10 → 엔터 하여 Pad를 생성한다.

- 육면체 Pad 상면에 아래와 같이 스케치하고 p → 엔터 → 13 → 엔터 하여 Pad를 생성한다. 대칭인 경우 반만 작도하고 ctl+b로 mirror 한다.

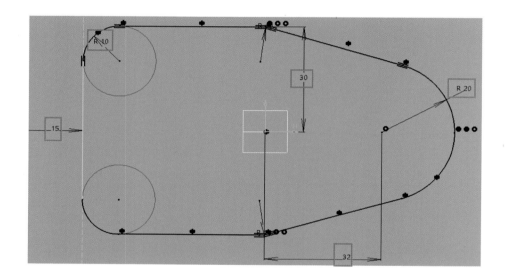

- zx 평면에 ①과 같이 스케치하고 3D 창에서 sl → 엔터 → ①을 Profile로 선택하고 → 육면체 Pad 상면에 한 스케치(②)를 Center Curve로 하여 Slot을 완성한다. 이와 같이 Profile과 Center Curve가 명확하게 제시될 때는 Multi-Section Solid나 Removed Multi-Section Solid 보다 Slot을 활용하는 것이 유리하다.

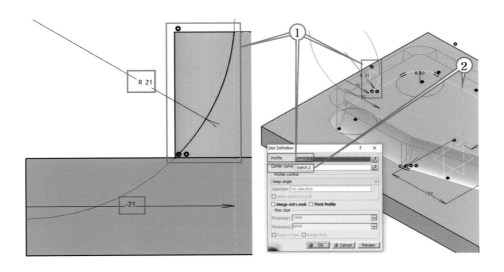

- Slot을 수행한 Pad 상면에 아래와 같이 스케치하고 Draft angle 10도를 준다.

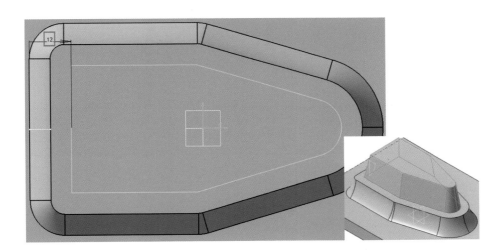

- zx 평면 스케치 창에 3D Element를 Project(📇) 하거나 Intersect(✦)하여 투영한 직선과 옵셋 직선들 간의 교점인 ①과 ②를 시점과 종점으로 Three point arc (t → 엔터)를 만든다. yz 평면 스케치 창에는 zx 평면 스케치에서 생성한 Three point arc를 Project(📇)하여 얻은 투영 직선과 구속되도록 a → 엔터 하여 ④를 생성한다. → zx 평면 스케치와 yz 평면 스케치를 각각 Profile과 Guide Curve로 하여 Sweep(sw → 엔터) 곡면을 만든 후 Split(sp → 엔터)을 수행한다.

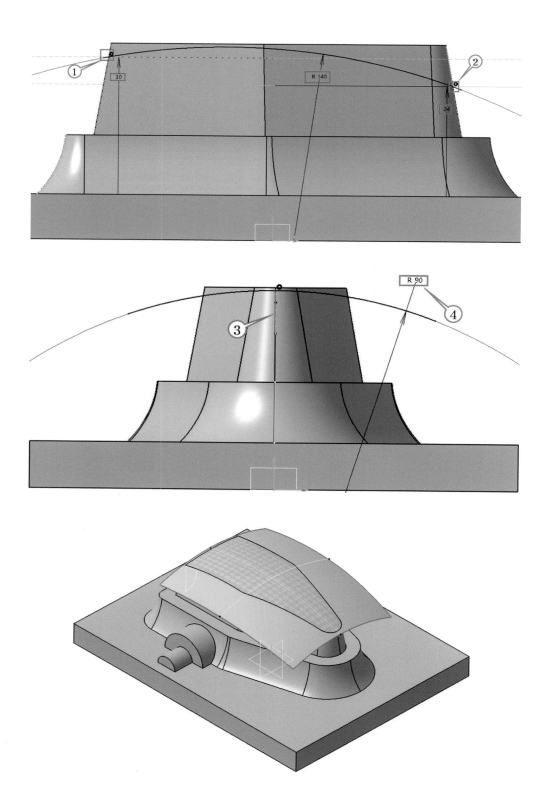

• 육면체 Pad 상면에 아래와 같이 스케치하고 ctl+b로 H축에 대해 mirror 한다. →
3D로 나가서 ①번 직선을 회전 중심축으로 하여 s → 엔터 → Shaft를 생성한다.

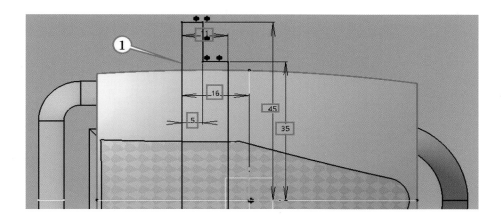

• 육면체 Pad 상면에 아래와 같이 H축과 70도 각도를 이루는 직선을 스케치하고 3D로
나온 뒤 → 다시 육면체 Pad 상면에 V축과 70도 각도를 이루는 직선을 스케치한다.

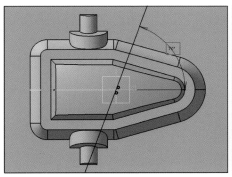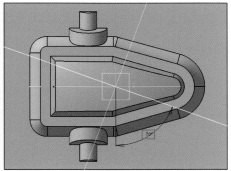

• Line(①) 아이콘을 클릭하고 ②와 같이 육면체 상면에 생성한 70도 직선의 끝점을 찍고 육면체 상면(③)을 클릭하며 자동으로 ④와 같이 Point-Direction으로 Line type이 변경되면서 육면체에 수직(normal)한 직선이 생성된다.

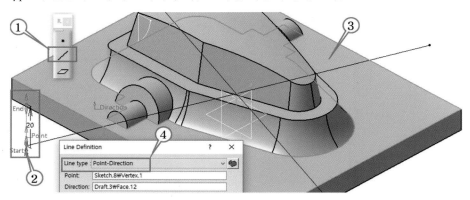

• Plane(①) 아이콘을 클릭하고 ②직선과 ③직선을 클릭하면 자동으로 ④와 같이 Through two lines로 Plane type이 변경되면서 Plane(⑤)이 생성된다. H축과 70도 각도를 이루는 직선과 육면체 상면에 수직한 직선 2개로 평면을 생성한 방법과 동일한 방법으로, V축과 70도 각도를 이루는 직선과 육면체 상면에 수직한 직선 2개로 평면을 생성한다.

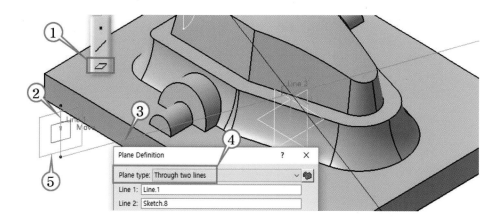

- H축과 70도 각도를 이루는 직선과 육면체 상면에 수직한 직선 2개로 생성한 평면으로 들어가서 아래와 같이 스케치 한다. → 이 스케치는 Slot의 Profile이 될 것이다.

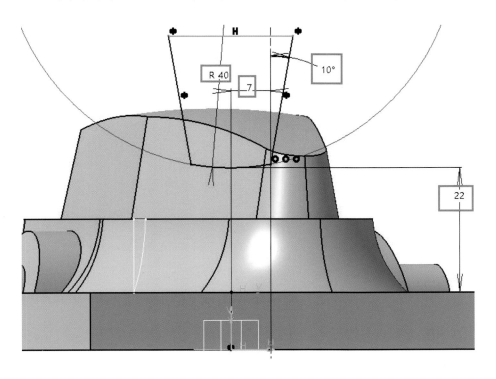

- V축과 70도 각도를 이루는 직선과 육면체 상면에 수직한 직선 2개로 생성한 평면으로 들어가서 아래와 같이 스케치 한다. → 이 스케치는 Slot의 Center Curve가 될 것이다.

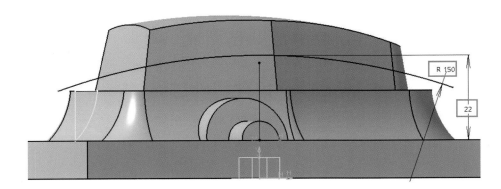

- sl → 엔터하여 → 2개의 스케치를 각각 Profile과 Center Curve로 선택하여 Slot을 수행한다.

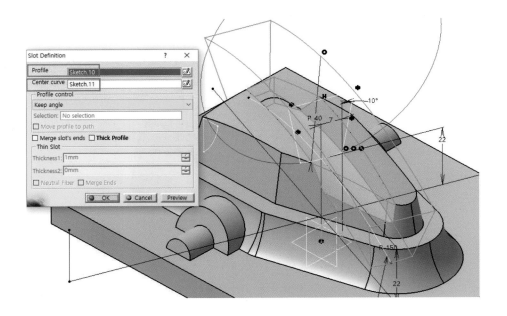

- 필렛을 수행하여 모델링을 완성한다.

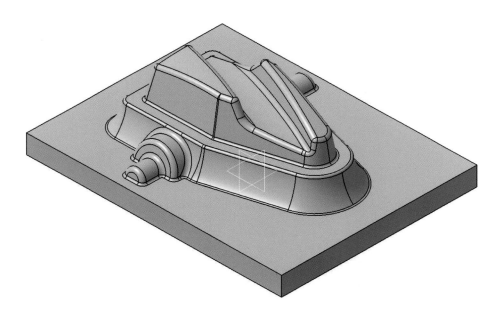

2.9 EX09 (Shaft, Pocket, Assemble)

1) 예제도면	EX09	사용 명령	2시간
		Shaft, Pocket, Assemble	

1. 요구사항
　가. 지급된 도면을 참조하여 3D 모델링을 수행한다.
　나. 평면도, 정면도, 우측면도, 입체도 등 2D 드래프팅을 수행한다.

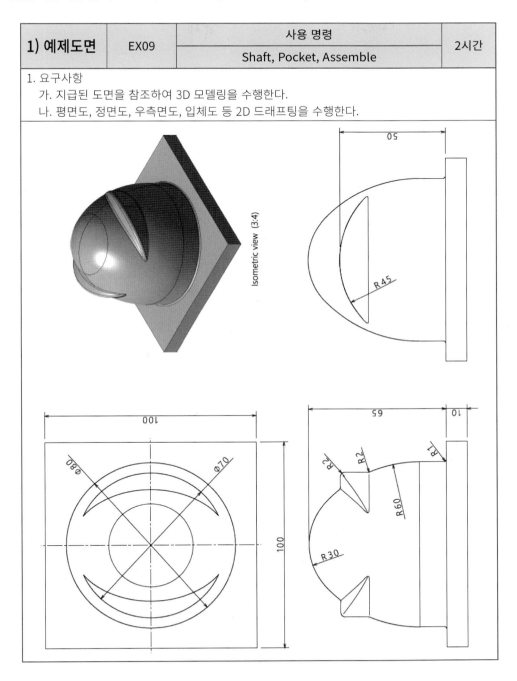

2) 3D 모델링

- xy 평면 스케치에 100×100으로 사각형을 상하, 좌우 대칭(Symmetry) 형상구속을 준다. → 3D로 나가서 p → 엔터 → 10 → 엔터 하여 Pad를 생성한다.

- zx 평면에 아래와 같이 스케치하고 3D로 나가서 회전중심축(①)을 우클릭 → z축 (②)으로 하여 Shaft 한다.

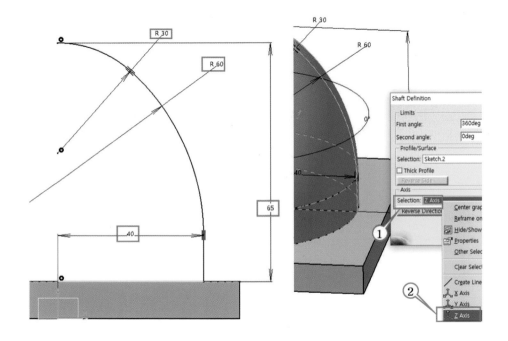

- 메인 메뉴 → Insert → Body 하여 Body.2를 만들고 육면체 상면에 D70 원을 스케 치 한 뒤 → 3D로 나가 → p 엔터 → 60 → 엔터 하여 Pad(①)를 생성한다. yz 평면 스케치에서 아래와 같이 R45 원호(②)를 생성한 뒤 Mirrored Extent로 Pocket 한다.

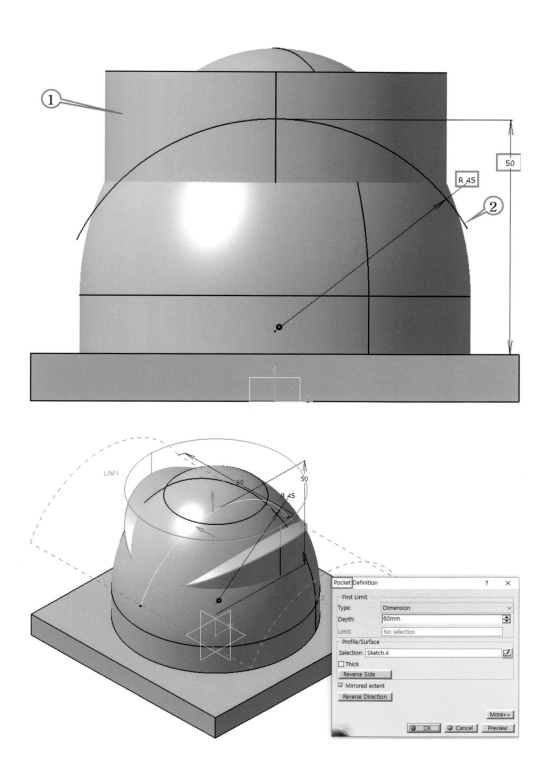

- 필렛을 하기 어려운 형상이므로 ②와 같이 Selection mode를 Minimal로 하여 필렛을 수행하고 최종 모델링을 완성한다.

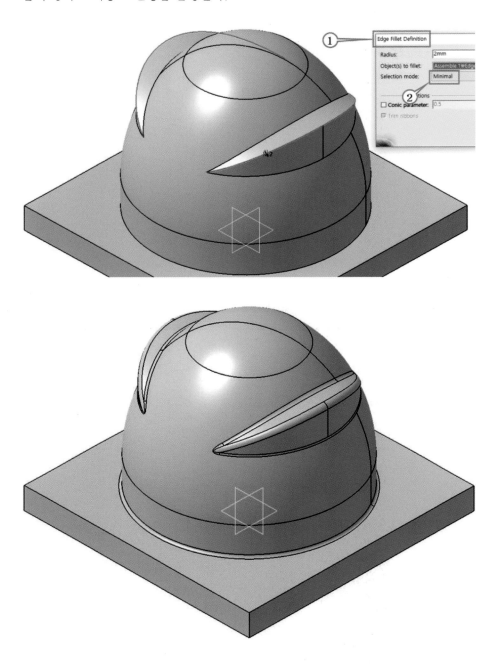

2.10 EX10 (Total Function)

1) 예제도면	EX10	사용 명령	2시간
		Total Function	

1. 요구사항

    가. 지급된 도면을 참조하여 3D 모델링을 수행한다.

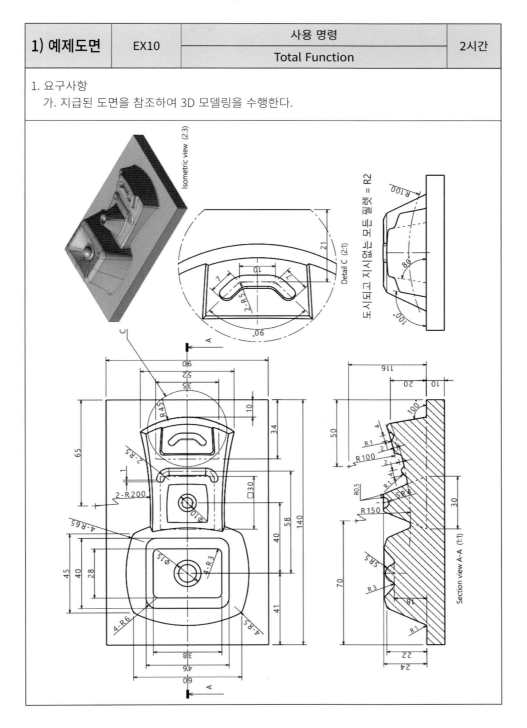

2) 3D 모델링

- xy 평면 스케치에 140×90으로 사각형을 그리고 X 원점은 구의 중심까지 거리인 41로 하며 상하는 대칭(Symmetry) 형상구속을 준다. → 3D로 나가서 p → 엔터 → 10 → 엔터 하여 Pad를 생성한다.

- 육면체 Pad 상면에 아래와 같이 스케치하고 ctl+b 하여 Mirror 한다.

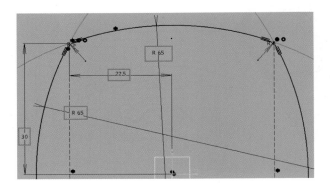

- 육면체 Pad 상면에서 22mm 옵셋 Plane을 만들고 생성한 Plane에서 아래 좌측과 같이 스케치한다. 육면체 Pad 상면에서 24mm 옵셋 Plane을 만들고 생성한 Plane 에서 아래 우측과 같이 스케치한다.

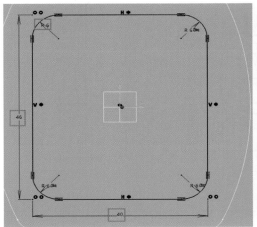
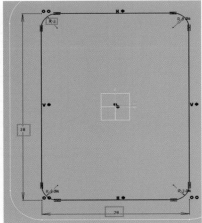

- 직선 아이콘(①)을 이용하여 스케치를 연결하는 직선 4개를 생성하고 GSD의 Join(⑥)을 이용하여 직선 2개씩을 하나로 만든다.

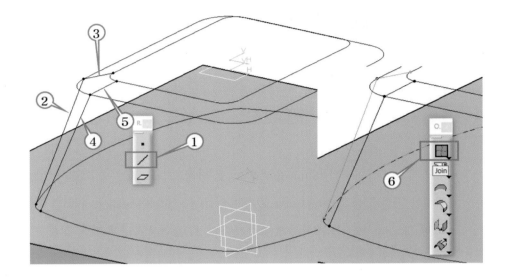

- Symmetry 아이콘을 이용하여 yz 평면을 중심으로 대칭시키고 다시 zx 평면을 중심으로 대칭시킨다.

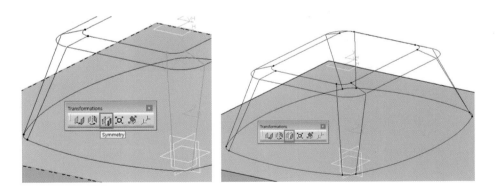

- 동일한 방식으로 ① → ④ 직선을 만들고 생성한 Section들과 Guide Curve를 이용하여 Mult-Section Solid를 생성한다.

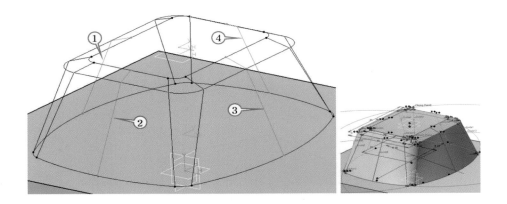

- 육면체 Pad 상면에서 18mm 옵셋 Plane을 만들고 D15 원(②)을 그린다. 이전에 스케치한 ①과 ②를 Section Curve로 하여 Removed Multi-Section Solid를 수행한다. 이 때 Closing Point를 정확하게 맞추기 위해 zx 평면상에 ③과 같은 직선을 스케치하여 활용한다.

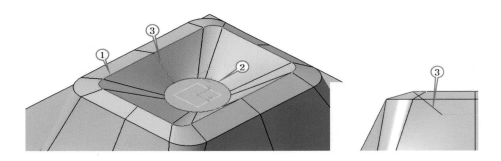

- 도면의 30mm 정사각형(①)과 D10 원(②)을 Section으로 하여 Multi-Section Solid(③)를 생성한다.

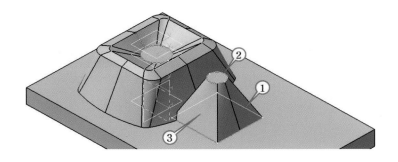

- 메인 메뉴 → Insert → Body 하여 Body를 추가한 뒤 → 육면체 상면에 아래와 같이 스케치하고 → 20mm Pad를 생성한 뒤 → 10도 Draft Angle을 준다.

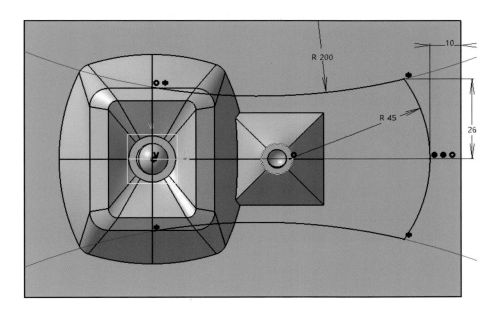

- zx 평면과 yz 평면에서 각각 아래와 같이 스케치하고 Sweep 곡면을 만들어 Split을 수행한다.

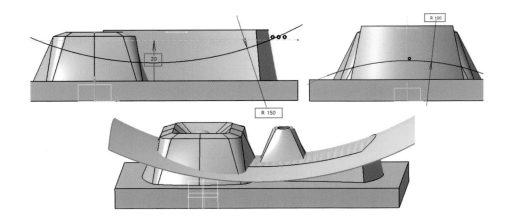

- 육면체 상면에 아래와 같이 스케치한다.

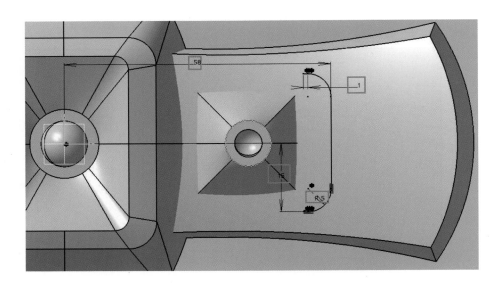

- 스케치를 Sweep 곡면에 Projection 한다.

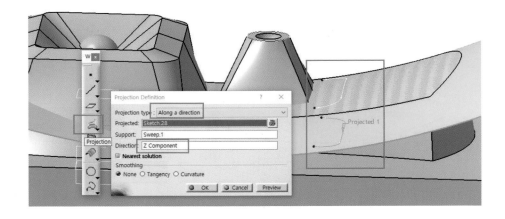

- Plane 아이콘을 클릭하고 생성한 Projection curve를 클릭하면 자동으로 Normal to curve type으로 바뀌며 곡선에 수직한 평면(①)이 생성된다. → 이 평면에서 우측 그림과 같이 Rib에 사용될 Profile을 스케치한 뒤 → r → 엔터 하여 Rib(②)를 생성한다. → Part Body를 우클릭 → Define 하고 → Body.2를 우클릭 → Assemble 한다.

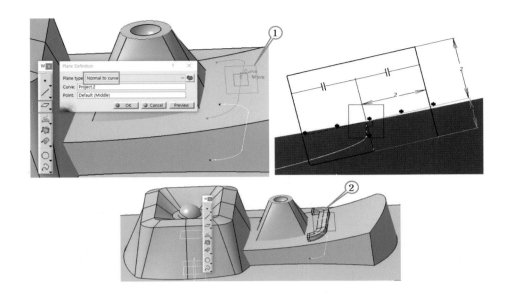

• 메인 메뉴 → Insert → Body 하여 Body를 추가한 뒤 → 육면체 상면에 아래와 같
이 스케치하고 → 24mm Pad를 생성한 뒤 → 10도 Draft Angle을 준다.

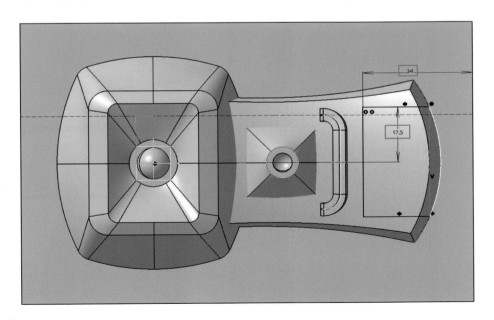

- zx 평면에 아래와 같이 스케치한 뒤 Mirrored extent로 양쪽으로 포켓 한다.

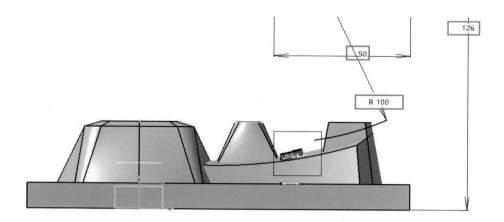

- 육면체 상면에 ①과 같이 스케치한 뒤 ②와 같이 GSD의 Extract 명령을 이용하여 Solid의 표면을 Surface로 추출한다. → Projection(③)을 이용하여 추출한 곡면 상에 스케치(①)를 z 방향으로 투영한다.

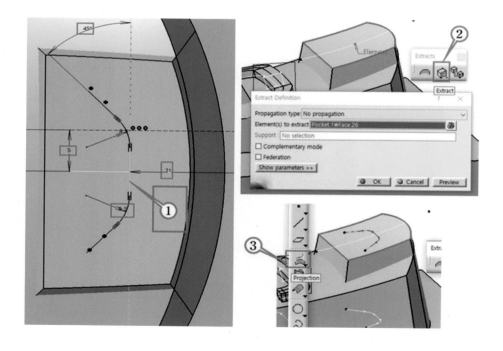

- Plane 아이콘을 클릭하고 생성한 Projection Curve를 클릭하면 자동으로 Normal to curve type으로 바뀌며 곡선에 수직한 평면(①)이 생성된다. → 이 평면에서 우측 그림과 같이 Slot에 사용될 Profile을 스케치한 뒤 → sl → 엔터 하여 Slot(②)을 생성한다. → Part Body를 우클릭 → Define 하고 → Body.3를 우클릭 → Assemble 한다.

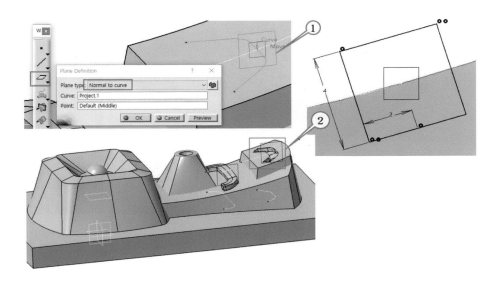

- 필렛을 수행하고 최종 모델링을 완성한다.

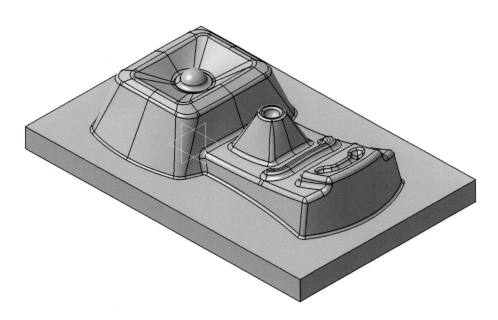

● Photo Studio(📷)에서 바탕 배경을 도면과 가공물로 하여 렌더링 해본다.

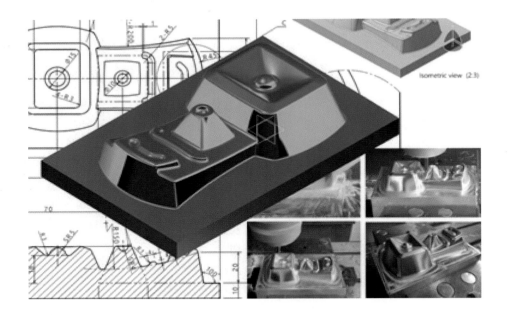

03

2020 개정 자격증
실기 모델링

(컴퓨터응용가공 산업기사. 기계가공 기능장)

3.1 EX11 (Multi-Section Solid)

1) 예제도면	EX11 상면 과제	수동 프로그래밍	50분	3시간
		MCT 가공	전체 1시간 30분	

1. 요구사항
가. 지급된 도면의 매뉴얼 NC 프로그램을 작성하고 MCT에서 자동운전 가공한다.

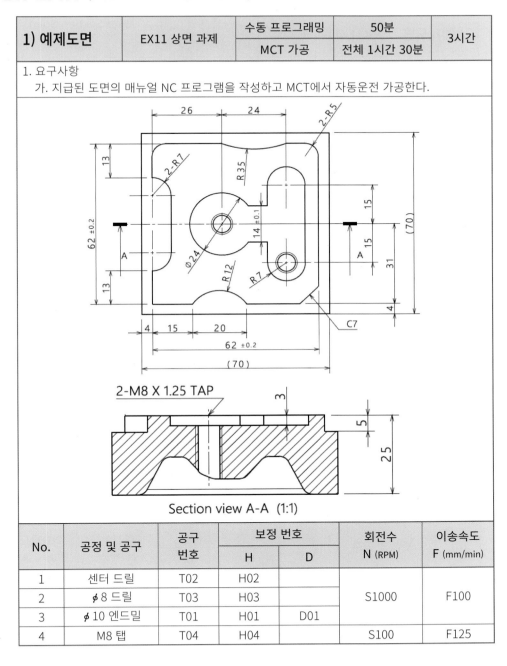

Section view A-A (1:1)

No.	공정 및 공구	공구 번호	보정 번호 H	보정 번호 D	회전수 N (RPM)	이송속도 F (mm/min)
1	센터 드릴	T02	H02		S1000	F100
2	φ8 드릴	T03	H03			
3	φ10 엔드밀	T01	H01	D01		
4	M8 탭	T04	H04		S100	F125

2) 예제도면	EX11 하면 과제	사용 명령	Multi-Section Solid
		모델링, CAM	40분

1. 요구사항
　가. 지급된 도면을 참조하여 3D 모델링을 수행한다.
　나. 지급된 도면의 CAM 프로그램을 작성하고 NC 데이터를 출력한다.

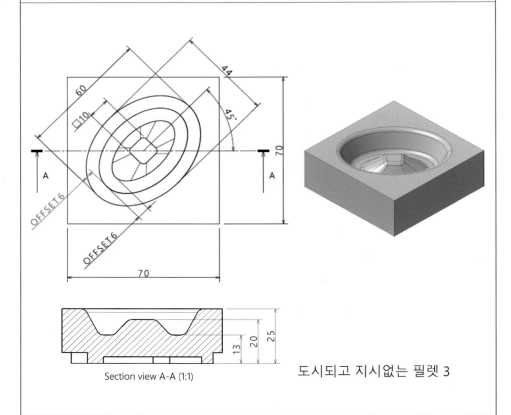

Section view A-A (1:1)

도시되고 지시없는 필렛 3

No.	공정 및 공구		공구 번호	보정 번호		회전수 N (RPM)	이송속도 F (mm/min)
				H	D		
1	황삭	ϕ 10 엔드밀	T01	H01		S3200	F1200
2	황잔삭	ϕ 6 볼엔드밀	T05	H05		S5300	F1300
	정삭						F2100

3) MCT 가공	EX11 하면 과제	사용 명령	Multi-Section Solid
		MCT 가공	40분

1. 요구사항

가. CAM 프로그램을 사용하여 작성한 NC 데이터를 모의가공 검증한다.

나. 아래와 같이 MCT에서 자동운전 가공한다.

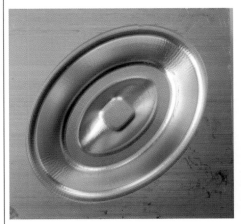

No.	공정 및 공구		공구 번호	보정 번호		회전수 N (RPM)	이송속도 F (mm/min)
				H	D		
1	황삭	ϕ 10 엔드밀	T01	H01		S3200	F1200
2	황잔삭	ϕ 6 볼엔드밀	T05	H05		S5300	F1300
	정삭						F2100

4) EX11 하면 과제 모델링

- xy 평면 스케치에 70×70으로 사각형을 그리고 상하, 좌우 대칭(Symmetry) 형상구속을 준다. → 3D로 나가서 p → 엔터 → 25 → 엔터 하여 Pad를 생성한다.

- 육면체 Pad 상면 스케치 창에 Ellipse 명령(①)을 이용하여 타원을 그린다. 타원의 중점은 원점을 클릭하고 장축과 단축을 대략적으로 모델링 한 뒤 다시 타원을 더블 클릭하여 ②와 같이 입력한다.

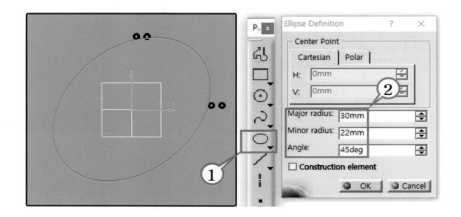

- 육면체 상면에서 아래로 13mm 옵셋한 평면을 만들고 스케치면으로 하여 ①과 같이 기존의 타원을 6mm offset(space bar)한다. → 육면체 상면에서 ②와 같이 45도 직선을 스케치한다.

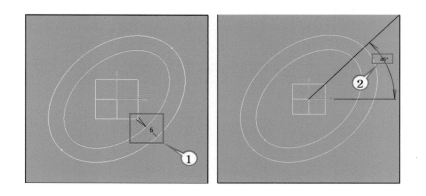

- Line 아이콘(①)을 클릭하여 45도 직선의 끝점(②)을 클릭하고 육면체 상면을 클릭하면 육면체 상면에 normal한 직선(④)이 생성된다. → Plane 아이콘(③)을 클릭하여 직선 두 개(④, ⑤)를 선택하면 ⑥과 같이 평면을 정의할 수 있다.

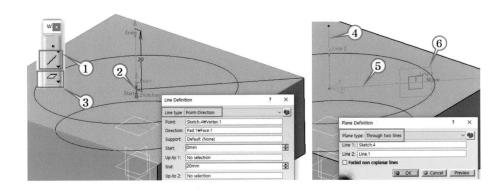

- 생성한 45도 평면 스케치에서 Project 아이콘(①)을 클릭하여 타원(②)을 선택하면 ③과 같이 직선이 투영되고 → 3D로 나가서 Point 아이콘(④)을 클릭하여 투영한 직선(③)을 선택한 뒤 Ratio를 1(⑤)로 주면 ⑥과 같이 직선의 끝점을 정의할 수 있다. → 13mm 아래 평면에 옵셋한 타원도 동일한 방식으로 직선을 투영하고 직선의 끝점을 정의하여 Removed Multi-Section Solid의 Closing Point 정의에 활용한다.

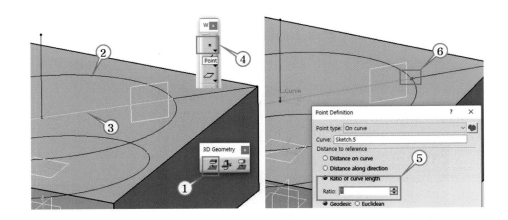

- 45도 평면 스케치에서 line을 투영하여 점을 생성한 이유는 만약의 경우 Guide Curve를 만들어서 Multi-Section Solid를 정의할 경우를 대비한 것이다. Three point arc로 Guide Curve를 만들 때 Point 보다는 Line을 활용하는 것이 유리하기 때문이다. 본 예제와 같이 Guide Curve가 필요 없는 경우는 line을 투영하지 않고 바로 Point를 투영하는 것이 유리하다.

- 45도 평면 스케치에서 타원(①)을 클릭하여 Intersect 3D Element(②)를 클릭하면 ③, ④와 같이 Point가 투영된다. 우측 Point만 필요하므로 좌측 Point(③)는 Delete 키를 눌러 삭제한다. 3D로 나가서 다시 45도 평면 스케치로 들어간 뒤 동일한 방법으로 아래 쪽 타원에 대해서도 Point를 투영한다.

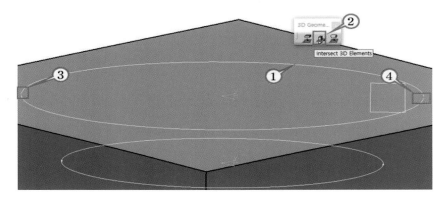

- Removed Multi-Section Solid(⌖)를 클릭하여 타원 스케치 2개(①)를 클릭하고 Closing Point 글자(②)를 우클릭하여 Replace(③)한 뒤 투영했던 Point(④)를 클릭한다. 아래쪽 타원의 Closing Point도 동일한 방법으로 클릭한다.

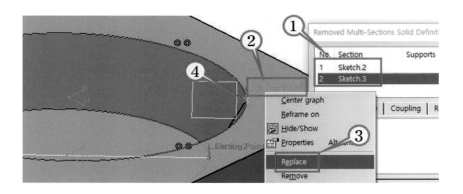

- Removed Multi-Section Solid로 파낸 바닥 평면을 스케치 면으로 잡고 타원 Edge(①)를 클릭 → space bar → 6 → 엔터 하여 옵셋 타원을 생성한다. 3D로 나간 뒤 Plane 아이콘을 클릭하여 xy 평면(②)를 선택하고 → 20(③) 입력하여 20mm 옵셋 된 평면을 생성 → 생성한 평면 스케치 창에서 ④와 같이 사각형을 스케치하며 → ⑤와 같이 Rotate 아이콘을 이용하여 45도 회전한다.

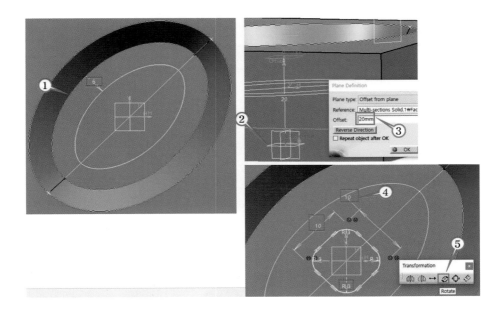

- m → 엔터 하여 옵셋 타원과 사각형을 Section으로 하여 Multi-Section Solid를 생성한다.

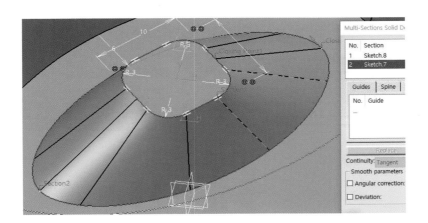

• 필렛을 부여하여 최종 모델링을 완성하고 Photo Studio(📷)에서 바탕 배경을 도면 과 가공물으로 하여 렌더링해 본다.

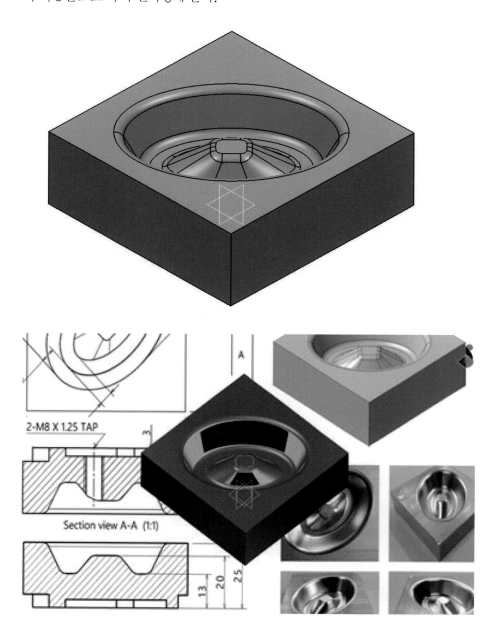

3.2 EX12 (Pocket, Draft Angle, Groove)

1) 예제도면		EX12	사용 명령	Pocket, Draft Angle, Groove
			모델링, CAM	40분

1. 요구사항
    가. 지급된 도면을 참조하여 3D 모델링을 수행한다.
    나. 지급된 도면의 CAM 프로그램을 작성하고 NC 데이터를 출력한다.

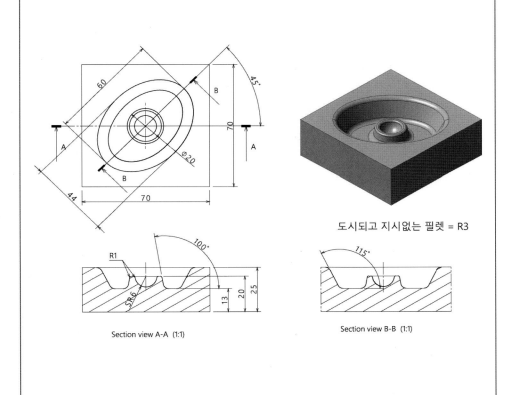

도시되고 지시없는 필렛 = R3

Section view A-A (1:1)

Section view B-B (1:1)

No.	공정 및 공구		공구 번호	보정 번호		회전수 N (RPM)	이송속도 F (mm/min)
				H	D		
1	황삭	φ10 엔드밀	T01	H01		S3200	F1200
2	황잔삭	φ6 볼엔드밀	T05	H05		S5300	F1300
	정삭						F2100

2) MCT 가공	EX12	사용 명령	Pocket, Draft Angle, Groove
		MCT 가공	40분

1. 요구사항

가. CAM 프로그램을 사용하여 작성한 NC 데이터를 모의가공 검증한다.

나. 아래와 같이 MCT에서 자동운전 가공한다.

No.	공정 및 공구		공구 번호	보정 번호		회전수 N (RPM)	이송속도 F (mm/min)
				H	D		
1	황삭	ϕ10 엔드밀	T01	H01		S3200	F1200
2	황잔삭	ϕ6 볼엔드밀	T05	H05		S5300	F1300
	정삭						F2100

3) 예제도면	EX12-01	사용 명령	Pocket, Draft Angle, Groove
		모델링, CAM	40분

1. 요구사항

  가. 지급된 도면을 참조하여 3D 모델링을 수행한다.

  나. 지급된 도면의 CAM 프로그램을 작성하고 NC 데이터를 출력한다.

Section view B-B (1:1)

도시되고 지시없는 필렛 = R3

Section view A-A (1:1)

Isometric view (3:4)

No.	공정 및 공구		공구 번호	보정 번호		회전수 N (RPM)	이송속도 F (mm/min)
				H	D		
1	황삭	ϕ 10 엔드밀	T01	H01		S3200	F1200
2	황잔삭	ϕ 6 볼엔드밀	T05	H05		S5300	F1300
	정삭						F2100

3.3 EX13 (Slot, Shaft)

1) 예제도면		사용 명령	Slot, Shaft
	EX13	모델링, CAM	40분

1. 요구사항
  가. 지급된 도면을 참조하여 3D 모델링을 수행한다.
  나. 지급된 도면의 CAM 프로그램을 작성하고 NC 데이터를 출력한다.

Isometric view (1:1)

Section view A-A (1:1)

No.	공정 및 공구		공구 번호	보정 번호		회전수	이송속도
				H	D	N (RPM)	F (mm/min)
1	황삭	φ10 엔드밀	T01	H01		S3200	F1200
2	황잔삭	φ6 볼엔드밀	T05	H05		S5300	F1300
	정삭						F2100

2) MCT 가공	EX13	사용 명령	Slot, Shaft
		MCT 가공	40분

1. 요구사항
   가. CAM 프로그램을 사용하여 작성한 NC 데이터를 모의가공 검증한다.
   나. 아래와 같이 MCT에서 자동운전 가공한다.

No.	공정 및 공구		공구 번호	보정 번호		회전수 N (RPM)	이송속도 F (mm/min)
				H	D		
1	황삭	φ10 엔드밀	T01	H01		S3200	F1200
2	황잔삭	φ6 볼엔드밀	T05	H05		S5300	F1300
	정삭						F2100

3.4 EX14 (Pad, Sweep, Split)

1) 예제도면	EX14	사용 명령	Pad, Sweep, Split
		모델링, CAM	40분

1. 요구사항
  가. 지급된 도면을 참조하여 3D 모델링을 수행한다.
  나. 지급된 도면의 CAM 프로그램을 작성하고 NC 데이터를 출력한다.

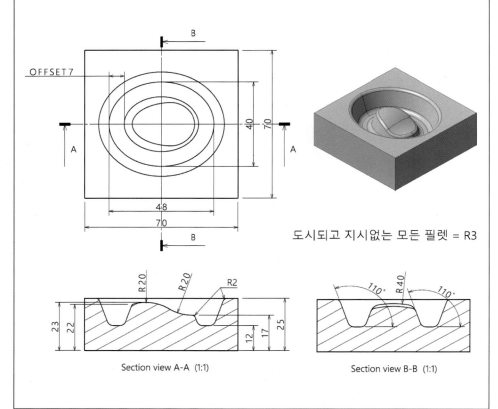

도시되고 지시없는 모든 필렛 = R3

Section view A-A (1:1)

Section view B-B (1:1)

No.	공정 및 공구		공구 번호	보정 번호		회전수 N (RPM)	이송속도 F (mm/min)
				H	D		
1	황삭	φ10 엔드밀	T01	H01		S3200	F1200
2	황잔삭	φ6 볼엔드밀	T05	H05		S5300	F1300
	정삭						F2100

2) MCT 가공	EX14	사용 명령	Pad, Sweep, Split
		MCT 가공	40분

1. 요구사항

    가. CAM 프로그램을 사용하여 작성한 NC 데이터를 모의가공 검증한다.

    나. 아래와 같이 MCT에서 자동운전 가공한다.

No.	공정 및 공구		공구 번호	보정 번호		회전수 N (RPM)	이송속도 F (mm/min)
				H	D		
1	황삭	⌀10 엔드밀	T01	H01		S3200	F1200
2	황잔삭	⌀6 볼엔드밀	T05	H05		S5300	F1300
	정삭						F2100

3.5 EX15 (Pad, Sweep, Split)

1) 예제도면	EX15	사용 명령	Pad, Sweep, Split
		모델링, CAM	40분

1. 요구사항
    가. 지급된 도면을 참조하여 3D 모델링을 수행한다.
    나. 지급된 도면의 CAM 프로그램을 작성하고 NC 데이터를 출력한다.

Section view A-A (1:1)

Section view B-B (1:1)

No.	공정 및 공구		공구 번호	보정 번호		회전수 N (RPM)	이송속도 F (mm/min)
				H	D		
1	황삭	φ10 엔드밀	T01	H01		S3200	F1200
2	황잔삭	φ6 볼엔드밀	T05	H05		S5300	F1300
	정삭						F2100

2) MCT 가공	EX15	사용 명령	Pad, Sweep, Split
		MCT 가공	40분

1. 요구사항

  가. CAM 프로그램을 사용하여 작성한 NC 데이터를 모의가공 검증한다.

  나. 아래와 같이 MCT에서 자동운전 가공한다.

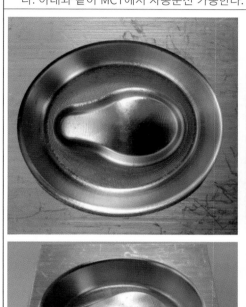
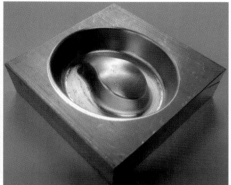

No.	공정 및 공구		공구 번호	보정 번호		회전수 N (RPM)	이송속도 F (mm/min)
				H	D		
1	황삭	ϕ 10 엔드밀	T01	H01		S3200	F1200
2	황잔삭	ϕ 6 볼엔드밀	T05	H05		S5300	F1300
	정삭						F2100

3) 예제도면	EX15-01	사용 명령	Pad, Sweep, Split
		모델링, CAM	40분

1. 요구사항

   가. 지급된 도면을 참조하여 3D 모델링을 수행한다.

   나. 지급된 도면의 CAM 프로그램을 작성하고 NC 데이터를 출력한다.

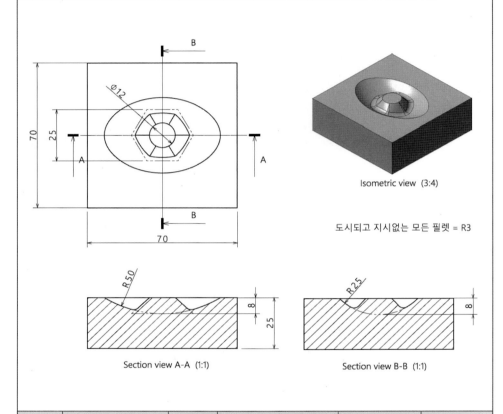

Isometric view (3:4)

도시되고 지시없는 모든 필렛 = R3

Section view A-A (1:1)

Section view B-B (1:1)

No.	공정 및 공구		공구 번호	보정 번호		회전수 N (RPM)	이송속도 F (mm/min)
				H	D		
1	황삭	φ10 엔드밀	T01	H01		S3200	F1200
2	황잔삭	φ6 볼엔드밀	T05	H05		S5300	F1300
	정삭						F2100

4) 예제도면	EX15-02	사용 명령	Pad, Sweep, Split
		모델링, CAM	40분

1. 요구사항

　가. 지급된 도면을 참조하여 3D 모델링을 수행한다.

　나. 지급된 도면의 CAM 프로그램을 작성하고 NC 데이터를 출력한다.

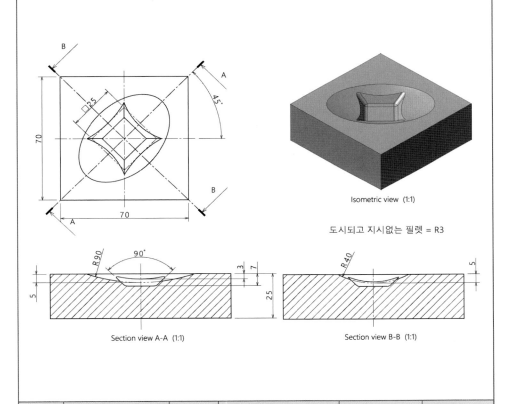

Isometric view (1:1)

도시되고 지시없는 필렛 = R3

Section view A-A (1:1)

Section view B-B (1:1)

No.	공정 및 공구		공구 번호	보정 번호		회전수 N (RPM)	이송속도 F (mm/min)
				H	D		
1	황삭	φ10 엔드밀	T01	H01		S3200	F1200
2	황잔삭	φ6 볼엔드밀	T05	H05		S5300	F1300
	정삭						F2100

3.6 EX16 (Slot, Rib)

1) 예제도면	EX16	사용 명령	Slot, Rib
		모델링, CAM	40분

1. 요구사항
   가. 지급된 도면을 참조하여 3D 모델링을 수행한다.
   나. 지급된 도면의 CAM 프로그램을 작성하고 NC 데이터를 출력한다.

도시되고 지시없는 모든 필렛 = R3

Section view A-A (1:1)

Section view B-B (1:1)

No.	공정 및 공구		공구 번호	보정 번호		회전수 N (RPM)	이송속도 F (mm/min)
				H	D		
1	황삭	ϕ10 엔드밀	T01	H01		S3200	F1200
2	황잔삭	ϕ6 볼엔드밀	T05	H05		S5300	F1300
	정삭						F2100

2) MCT 가공	EX16	사용 명령	Slot, Rib
		MCT 가공	40분

1. 요구사항

가. CAM 프로그램을 사용하여 작성한 NC 데이터를 모의가공 검증한다.

나. 아래와 같이 MCT에서 자동운전 가공한다.

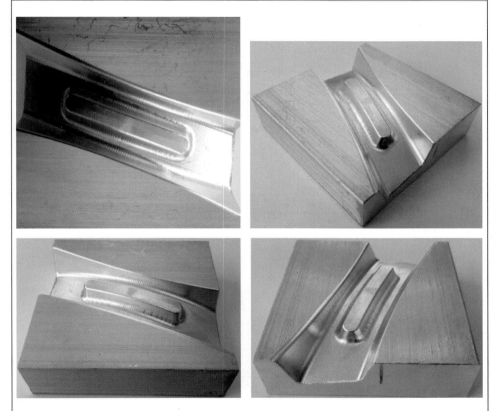

No.	공정 및 공구		공구 번호	보정 번호		회전수 N (RPM)	이송속도 F (mm/min)
				H	D		
1	황삭	ϕ10 엔드밀	T01	H01		S3200	F1200
2	황잔삭	ϕ6 볼엔드밀	T05	H05		S5300	F1300
	정삭						F2100

3.7 EX17 (Slot, Multi-Section Surface)

1) 예제도면	EX17	사용 명령	Slot, Multi-Section Surface
		모델링, CAM	40분

1. 요구사항

가. 지급된 도면을 참조하여 3D 모델링을 수행한다.

나. 지급된 도면의 CAM 프로그램을 작성하고 NC 데이터를 출력한다.

다. Multi-Section Surface → All Guide 사용 시 과잉 구속되면 하나 제거

Isometric view (2:3)

도시되고 지시없는 모든 필렛 = R3

Section view A-A (1:1)

Section view C-C (1:1)

No.	공정 및 공구		공구 번호	보정 번호		회전수 N (RPM)	이송속도 F (mm/min)
				H	D		
1	황삭	ϕ 10 엔드밀	T01	H01		S3200	F1200
2	황잔삭	ϕ 6 볼엔드밀	T05	H05		S5300	F1300
	정삭						F2100

2) MCT 가공	EX17	사용 명령	Slot, Multi-Section Surface
		MCT 가공	40분

1. 요구사항

　가. CAM 프로그램을 사용하여 작성한 NC 데이터를 모의가공 검증한다.

　나. 아래와 같이 MCT에서 자동운전 가공한다.

No.	공정 및 공구		공구 번호	보정 번호		회전수 N (RPM)	이송속도 F (mm/min)
				H	D		
1	황삭	φ10 엔드밀	T01	H01		S3200	F1200
2	황잔삭	φ6 볼엔드밀	T05	H05		S5300	F1300
	정삭						F2100

3) Rendering	EX17	사용 명령	Photo Studio(📷)
		Rendering	10분

1. 요구사항

가. 도면과 가공품을 바탕 배경으로 하여 렌더링한다.

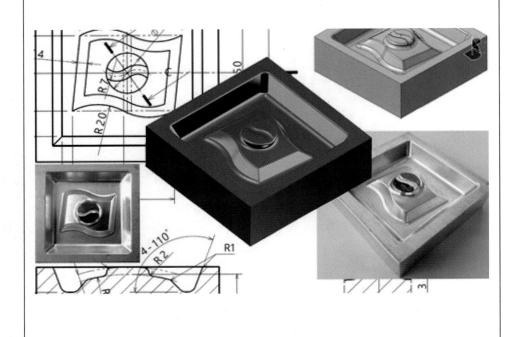

No.	공정 및 공구		공구 번호	보정 번호		회전수 N (RPM)	이송속도 F (mm/min)
				H	D		
1	황삭	φ10 엔드밀	T01	H01		S3200	F1200
2	황잔삭	φ6 볼엔드밀	T05	H05		S5300	F1300
	정삭						F2100

04

2D DRAFTING

4.1 Drafting01 (EX03)

1) 예제도면	EX03	사용 명령 Drafting commands	50분

1. 요구사항

    가. 지급된 도면을 참조하여 3D 모델링을 수행한다.

    나. 평면도 정면도 우측면도 입체도 등 2D 드래프팅을 수행한다.

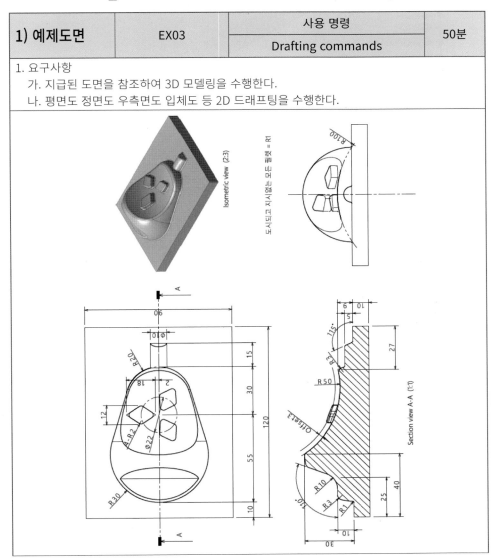

2) 드래프팅

• 2.3절에서 모델링한 EX03.CATPart 모델링을 OPEN 하고 EdgeFillet(①)을 선택 후 우클릭하여 ② → ③의 순서로 Deactivate 한다.

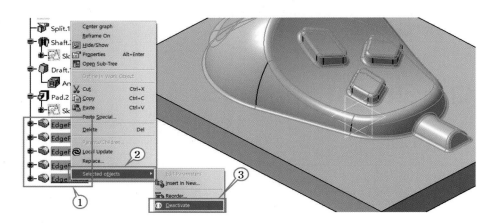

• Drafting 워크벤치는 메인 메뉴의 ① → ③의 순서로 들어갈 수도 있고 워크벤치 아이콘을 더블클릭하여 ④ → ⑤의 순서로 들어갈 수도 있다. 그 후 ⑥ → ⑨의 순서로 드래프팅 환경을 설정한다.

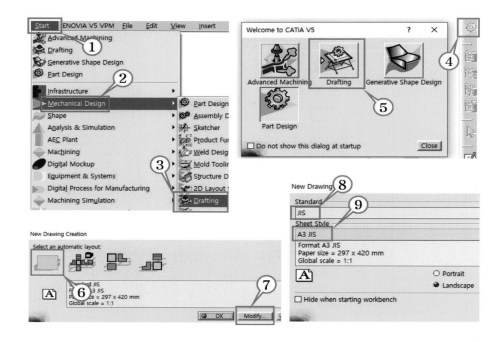

- Drafting 워크벤치의 Front View 아이콘(①)을 클릭하고 메인 메뉴 Window(②)의 EX03.CATPart(③)를 클릭한 뒤 모델링에서 육면체 상부(④)를 클릭한다.

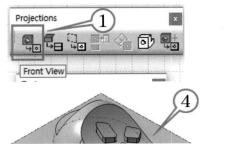 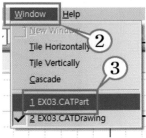

- 빨간 점선으로 된 외곽 Frame(①)을 클릭하고 alt+enter 한 뒤 Center Line(②)과 Axis(③)를 체크한다.

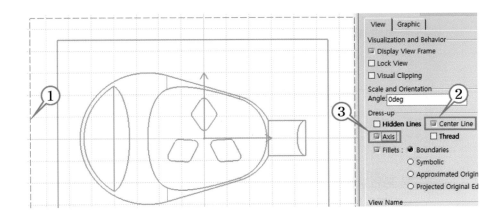

- Offset Section View 아이콘(①)을 클릭하고 평면도의 중심 좌측(②)을 클릭한 뒤 중심 우측(③)을 더블 클릭한다. → 정면도의 파란색 점선 Frame(④)을 더블 클릭하여 빨간 점선으로 만든 후 Projection View(⑤)를 클릭하여 우측면도(⑥)을 생성한다.

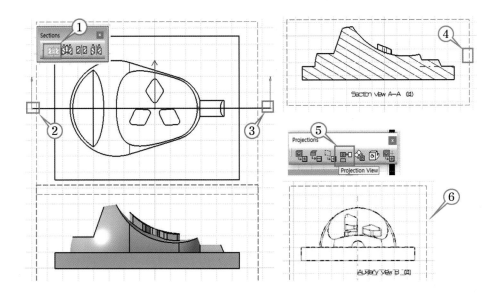

- Isometric View 아이콘(①)을 클릭하고 메인 메뉴 Window(②)의 EX03.CATPart(③)
를 클릭한 뒤 Part Design 워크벤치의 Isometric View 상태(☐)에서 육면체 상부를
클릭하여 드래프팅 워크벤치의 Isometric View(④)를 생성한다. Isometric View의
파란 점선 Frame을 클릭하고 alt+enter 하여 ⑤ → ⑨를 설정하면 ⑩과 같이 렌더
링이 수행된다.

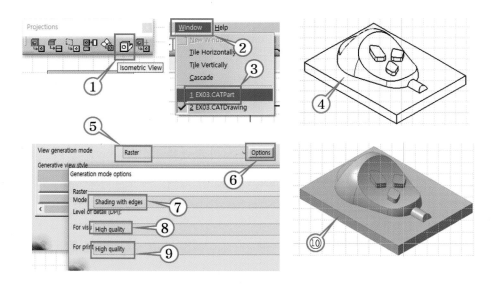

- 평면도의 점선 Frame을 더블 클릭하여 메인 Frame으로 만들고 c → 엔터 → 도면 원점에 원의 중점 클릭 → 탭 키 클릭 12(①)입력하여 원을 생성한다. → 화면 상단 의 Graphic property 에서 가는 선(②) → 2점쇄선(③)으로 하면 → ④와 같은 가상선 의 원이 생성된다.

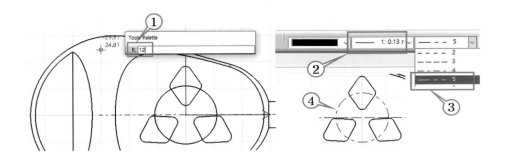

- Dimensions의 R 아이콘(①)을 클릭하여 R20(②)을 생성하고 우클릭하여 ③ → ④의 순서로 클릭한 뒤 경계선인 ⑤를 2회 클릭한다. → 경계선 ⑤를 클릭 후 space bar 를 누르고 → 0 → 엔터 → ctl+e 하여 연장한 후 ⑥과 같이 가는 2점 쇄선으로 변경 한다.

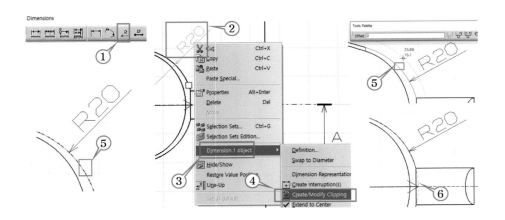

- R2(①)를 우클릭하여 alt+enter 한 뒤 Dimension Texts(②)에서 ③과 같이 R 앞에 "4-"를 추가 기입한다.

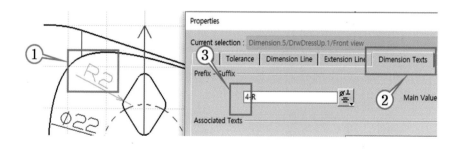

- Dimensions의 ϕ 아이콘(①)을 클릭하여 ϕ 10(②)과 ϕ 22(③)를 생성한다.

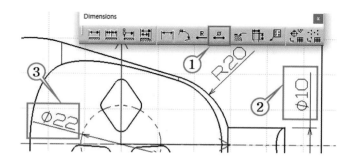

- Dimensions의 Length 아이콘(①)을 클릭하여 육면체 좌측 직선과 좌측 R30 원호를 선택하면 ②와 같이 arc의 중점을 인식하므로 우클릭하여 ③과 같이 Anchor 4로 변경해 주면 ④와 같이 arc의 접선을 인식하여 원하는 가로 치수(10)를 생성할 수 있다.

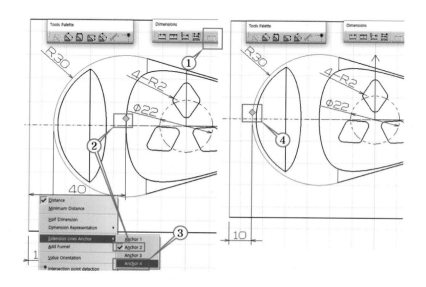

- Dimensions의 Length 아이콘(①)을 클릭하고 Intersect Point Detection 아이콘(②)을 클릭하여 ③와 같이 교점을 찾은 뒤 ④와 같이 가로 치수를 넣는다.

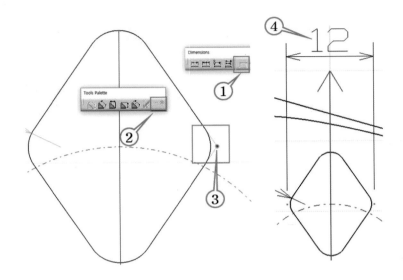

- 평면도의 모든 치수를 드레그하여 폰트 크기를 3(①)으로, 폰트는 제일 아래의 Yu Gothic(②)으로 하여 ③과 같이 평면도를 완성하고 빨간 점선 Frame을 클릭 alt+enter 하여 ④와 같이 Lock View를 걸어준다.

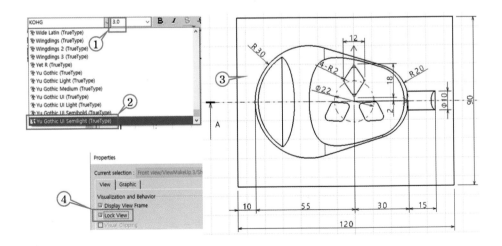

- Part Design 워크벤치의 Edge Fillet(①)을 우클릭하여 Activate(②) 한다.

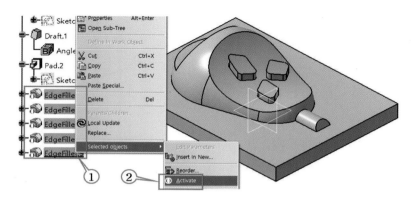

- Drafting 워크벤치의 Update current sheet 아이콘(①)을 더블클릭한다.
- Drafting 워크벤치의 우측면도 점선 프레임을 클릭 alt+enter 하여 Fillets을 ②와 같이 체크한다.

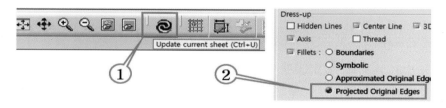

- 단면도의 해칭선을 더블 클릭하여 ①과 같이 각도와 피치를 준다.
- 단면도의 곡선 ② 부분을 클릭하여 space bar를 누르고 → 0 → 엔터 → ctl+e 하여 연장한 후 연장선을 클릭하여 space bar를 누르고 → 4 → 엔터 → ctl+e 하여 연장하고 두 연장선의 굵기를 가는 실선으로 변경한다.

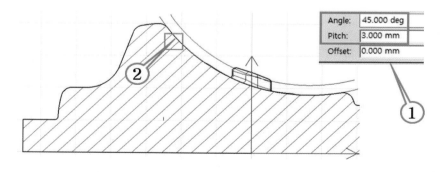

• 단면도 또한 R → D(∅) → 각도 → 수평치수 → 수직치수의 순으로 치수 기입을 한다.

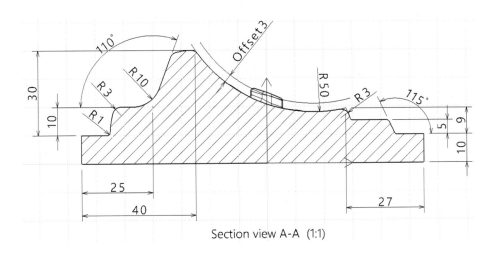

Section view A-A (1:1)

• 우측면도의 점선 Frame을 더블 클릭 → t → 엔터 ① → ② → ③의 순서로 점을 찍어 Three point arc를 만든 후 ④와 같이 가는 2점쇄선으로 변경한다.

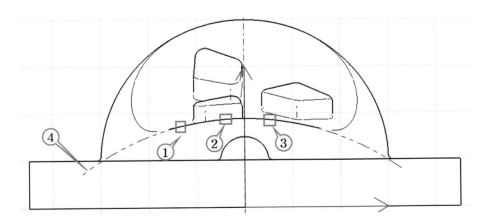

- 우측면도의 R 값 치수를 기입한 결과 ①과 같이 상이한 값이 나왔다. 이는 단면도와 같이 정확한 평면을 잘라서 투상한 것이 아니라 우측에서 단순 투상하여 생기는 문제이다. 이 경우 해당 치수를 클릭하여 alt+enter 하고 Value(②)에서 ③ → ④를 체크하고 100을 입력(⑤)하면 ⑥과 같이 Fake Dimension을 얻을 수 있다.

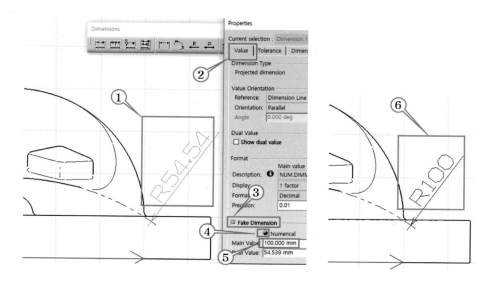

- Text 아이콘(①)을 클릭하여 ②와 같이 기입하고 ③과 같이 드래프팅의 전체적인 배치나 폰트 등을 확인한다. (폰트: 제일 아래의 Yu Gothic)

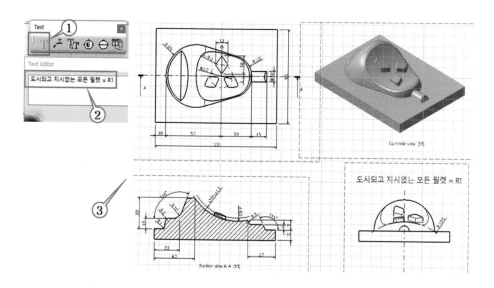

- ctl+p 하여 Hancom PDF(①) → Fit in page(②) → Preview(③) 한다. 여기서 실척으로 출력해야 하는 경우에는 Fit to를 체크하고 100%로 하여 Center를 클릭한다. Isometric View의 크기가 큰 경우 alt+enter 하여 축척한다.

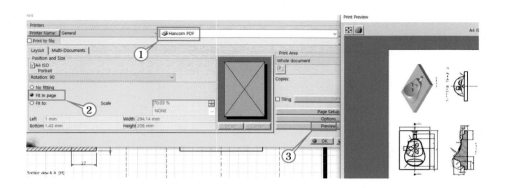

- pdf 파일을 열어 최종 드래프팅 결과를 확인한다.

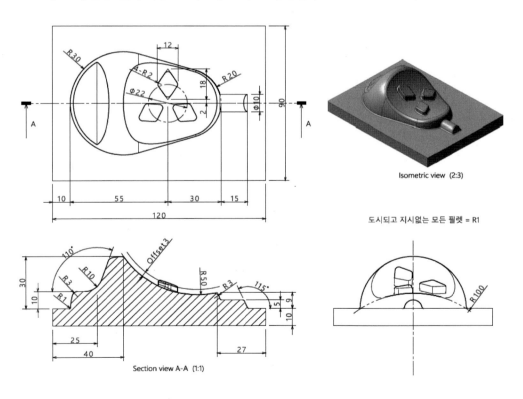

Isometric view (2:3)

도시되고 지시없는 모든 필렛 = R1

Section view A-A (1:1)

4.2 Drafting02 (EX08)

1) 예제도면	EX08	사용 명령	50분
		Drafting commands	
		(Rotated section view)	

1. 요구사항
   가. 지급된 도면을 참조하여 3D 모델링을 수행한다.
   나. 평면도 정면도 우측면도 입체도 등 2D 드래프팅을 수행한다.

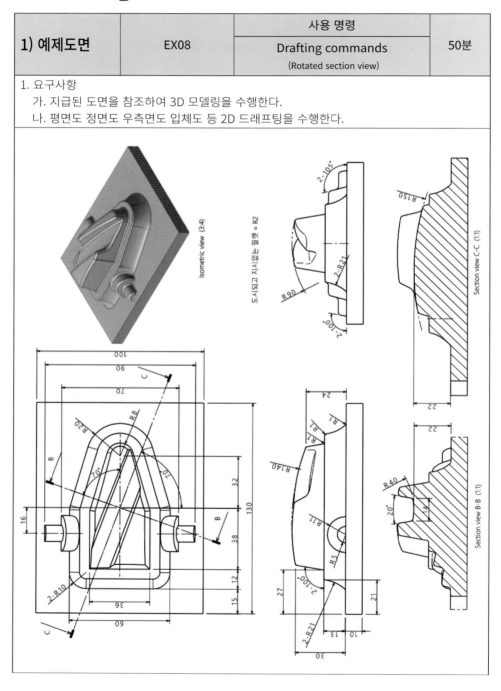

2) 드래프팅

- 2.8절에서 모델링한 EX08.CATPart 모델링을 OPEN하고 EdgeFillet(①)을 선택 후 우클릭하여 ② → ③의 순서로 Deactivate 한다.

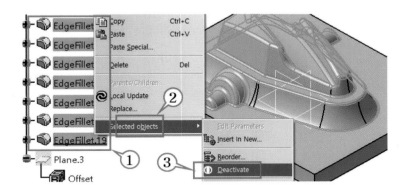

- Drafting 워크벤치는 메인 메뉴의 ① → ③의 순서로 들어갈 수도 있고 워크벤치 아이콘을 더블클릭하여 ④ → ⑤의 순서로 들어갈 수도 있다. 그 후 ⑥ → ⑨의 순서로 드래프팅 환경을 설정한다.

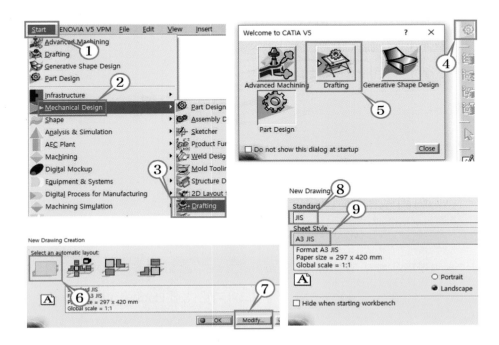

- Drafting 워크벤치의 Front View 아이콘(①)을 클릭하고 메인메뉴 Window(②)의 EX08.CATPart(③)를 클릭한 뒤 모델링에서 육면체 상부(④)를 클릭한다.

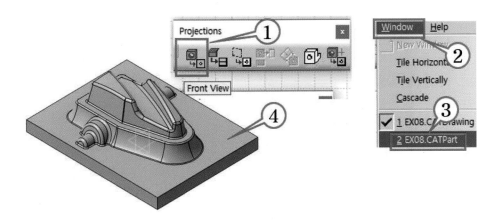

- 빨간 점선으로 된 외곽 Frame(①)을 클릭하고 alt+enter 한 뒤 Center Line(②)과 Axis(③)를 체크한다. 70도 중심축선이 한쪽만 나타나면 *l* → 엔터 하여 반대쪽도 도시한다.

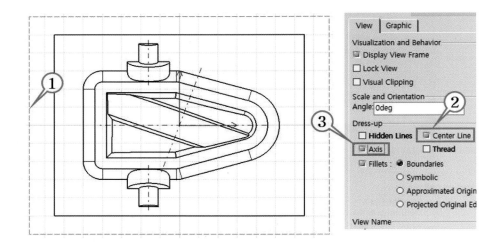

- 평면도의 빨간 점선 Frame을 확인하고 Projection view 아이콘(①)을 이용하여 정면도를 아래로 투상하고 다시 정면도의 파란 점선 Frame을 더블 클릭하여 빨간 점선으로 만든 후 Projection view 아이콘(①)을 이용하여 우측면도를 투상한다. 3.1

절과 같은 방법으로 Isometric View 아이콘(②)을 이용하여 입체도를 투상하며 alt + enter 하여 렌더링과 3:4 축적을 수행한다.

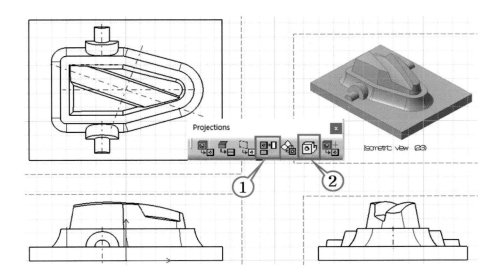

- Offset Section View 아이콘(①)을 클릭하고 평면도의 70도 회전된 축선의 좌측을 클릭한 뒤 우측을 더블 클릭한다. → 투상된 단면도의 Frame을 alt+enter 하여 Properties(속성)에서 ②와 같이 −70도 회전한다. → 투상된 단면도의 Frame을 우클릭하여 ③ → ④의 순서로 이동 위치를 독립적으로 변환한다.

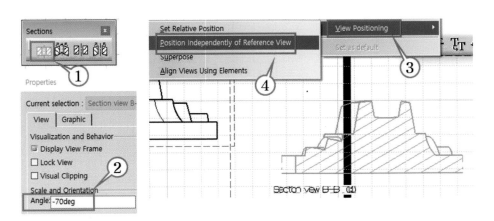

- 투상도와 단면도를 전체적으로 배치하여 잘못된 부분이 없는지 확인한다.

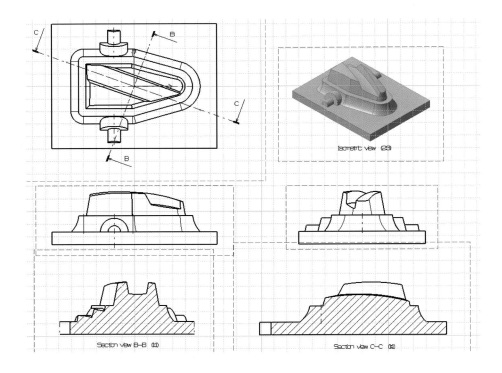

- 평면도의 치수 기입이 끝나면 alt → enter 하여 속성에서 Lock View를 체크한 뒤 Part Design 워크벤치에서 필렛을 다시 Activate 하고 드래프팅 워크벤치에서 Update(⊜) 한 뒤 나머지 View에 대해서도 치수 기입을 실행한다.

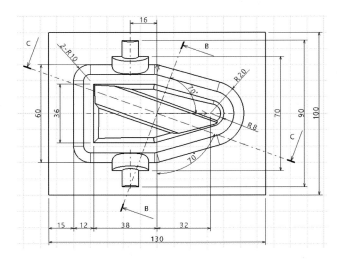

- Text 아이콘(①)을 클릭하여 ②와 같이 기입하고 ③과 같이 드래프팅의 전체적인
  배치나 폰트 등을 확인한다.

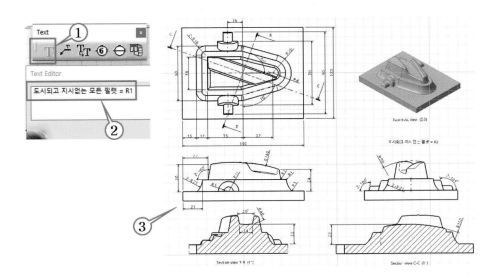

- ctl+p 하여 Hancom PDF(①) → Fit in page(②) → Preview(③) 한다. 여기서 실척으
  로 출력해야 하는 경우에는 Fit to를 체크하고 100%로 하여 Center를 클릭한다.
  Isometric view의 크기가 큰 경우 alt+enter 하여 축척한다.

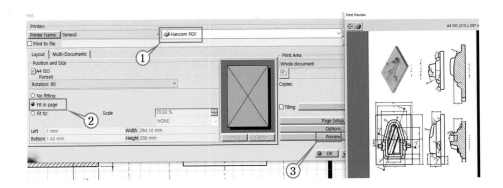

- pdf 파일을 열어 최종 드래프팅 결과를 확인한다.

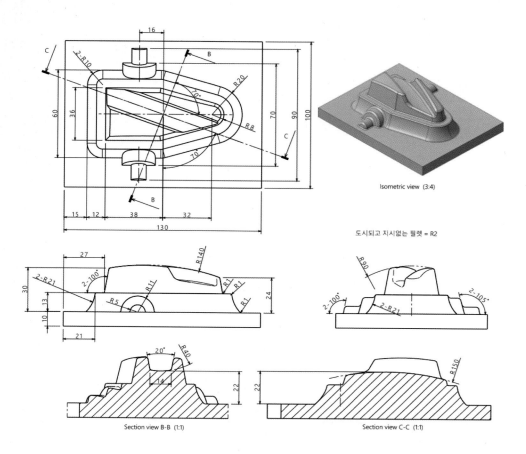

Isometric view (3:4)

도시되고 지시없는 필렛 = R2

Section view B-B (1:1)

Section view C-C (1:1)

05

CAM

5.1 실무 CAM (EX10)

1) 예제도면	EX10	CAM 프로그래밍	1시간 10분	3시간
		MCT 가공	1시간 50분	

1. 요구사항
   가. 지급된 도면을 참조하여 3D 모델링을 수행한다.
   나. 지급된 도면의 CAM 프로그램을 작성하고 MCT에서 자동운전 가공한다.

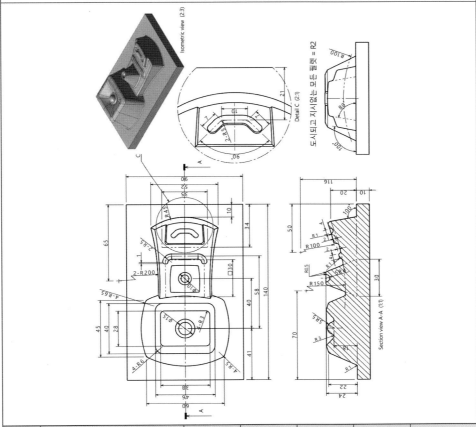

No.	공정 및 공구		공구 번호	보정 (H)	잔량 (mm)	회전수 S (RPM)	이송속도 F (mm/min)
1	황삭	φ12-R2 코너엔드밀	T01	H01	0.5	S2600	F1000
	바닥 정삭				0	S2600	F800(F300)
2	황 잔삭	φ8-R2 코너엔드밀	T02	H02	0.4	S3800	F1200
		φ6 볼엔드밀	T03	H03	0.2	S5300	F1000
3	정삭	φ6 볼엔드밀	T03	H03	0	S5300	F2100
4	잔삭	φ4 볼엔드밀	T04	H04	0	S6500	F1400

2) EX10 과제의 CAM 프로그램

(1) CAM 작업 기본 환경 설정

- 메인 메뉴 → Tools → Options에서 Machining(①)을 선택한 뒤 General(②)에서 ③
을 체크한다. Output(④)의 Post Processor는 IMS(⑥)를 체크하며 그 아래
Extension(확장자)은 nc(⑦)로 설정한다.

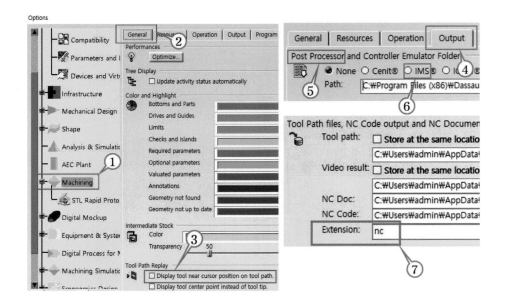

- EX10.CATPart 모델링 파일을 열고 아래의 순서로 Advanced Machining 워크벤치
로 들어간다. Advanced Machining 워크벤치로 들어가면 모델링 파일을 연 폴더에
그대로 파일 이름을 EX10으로 입력하여 EX10.CATProcess 파일을 생성한 후 작업
중간 중간에 저장(ctl+s)한다.

- Advanced Machining 워크벤치로 들어가면 공작물 좌표계(우수 좌표계)를 명확히 하
기 위해 저장하고 나서 곧바로 작업창 하단의 Isometric View(⬛)를 클릭한다.

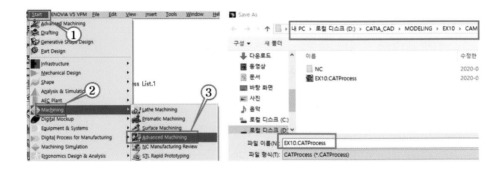

- 황삭소재(Stock) 생성을 위해 ①과 같이 Create rough stock 아이콘을 클릭하고 ②번의 모델링 파일을 클릭하며 1회 더 모델링 파일을 클릭한 뒤, ③번의 OK를 클릭하면 P.P.R(Process. Product. Resource) 트리의 ProductList에 ④와 같이 Rough stock.1이 생성되고 ⑤와 같이 Stock이 생성된다.

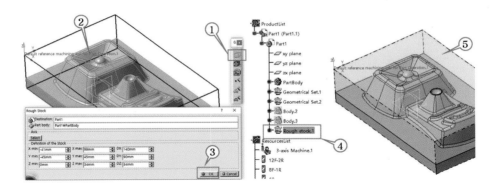

- P.P.R 트리(①)의 Part Operation.1(②)을 더블 클릭한 뒤 Machine 버튼(③)을 클릭하고 Machine과 NC 관련 옵션을 ④ → ⑧ 의 순서로 설정한다.

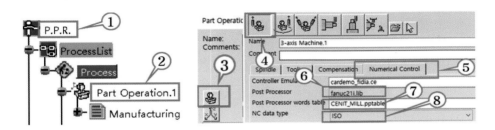

- Machine 설정이 완료되면 공작물 좌표계 세팅을 위해 아래와 같이 작업하거나 모델링 과정에서 이미 공작물 좌표계 원점과 모델링 원점을 동일하게 하였다면 생략한다. 모델링 원점이 가공 원점과 동일하지 않다면 ②를 클릭한 뒤 모델링에서 공작물 좌표계 원점(③)을 선택한다.

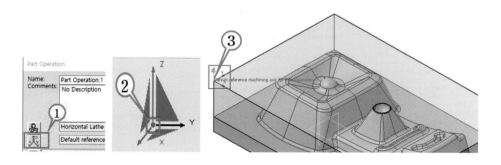

- 공작물 좌표계 세팅이 완료되면 모의 가공을 위한 Stock 아이콘(①)을 클릭한다. Stock을 트리에서 선택(②)하거나 작업창 모델링에서 선택(③)한다. 이때 아무런 반응(Event)이 일어나지 않으면 CATIA 작업창의 빈 바탕화면을 더블 클릭한다. 이후부터 CAM 워크벤치의 모든 명령 수행 중 다이얼로그 박스의 Event가 일어나지 않으면 항상 작업창의 바탕화면을 더블클릭한다.

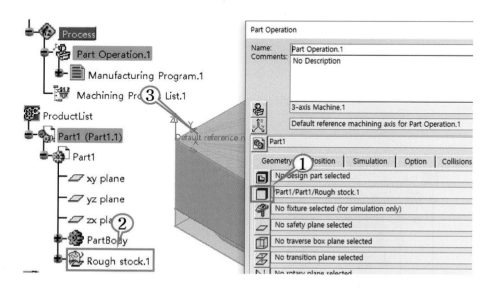

(2) Roughing (황삭)

- Manufacturing Program.1(①)을 클릭한 뒤 Roughing 아이콘(②)을 클릭한다.

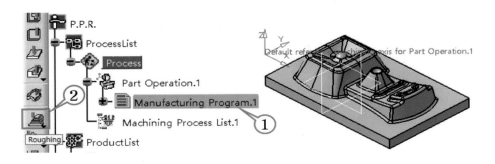

- Roughing.1 다이얼로그 박스의 두 번째 탭인 모델링 선택 탭(①)에서 Stock Sensitive 아이콘(②)을 클릭 → 트리 ProductList(③)의 Rough stock.1(④)를 선택하고 → 동일한 방법으로 Part Sensitive 아이콘(⑤)를 선택하여 → PartBody(⑥)을 선택하며 마지막으로 → 정삭여유량(⑦)(잔량)을 0.5mm로 설정한다.

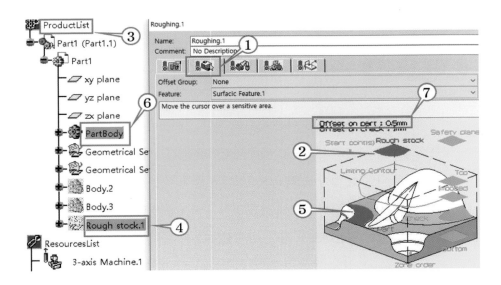

- 다이얼로그 박스의 세 번째, 공구 탭(①)에서 ②와 같이 12F-2R(ϕ 12-2R 코너 레디우스 엔드밀)로 입력하고 엔터를 누른 후 ④번을 체크 해제하고 ⑤를 2로, ⑥을 12로 입력한다.

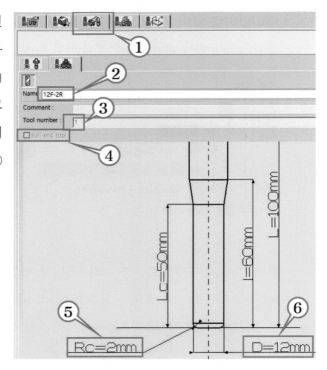

절삭 조건 선정

- 현장 실무에서는 회전수와 이송 속도를 절삭 지시서에 의해 제공하기도 하지만 많은 경우 CAM 프로그래머나 CNC 오퍼레이터가 결정해야 한다. 아래의 식 (1)과 같이 소재마다 추천 절삭 속도, v가 결정되면 공구 직경 D에 따라 회전수, N은 항상 변하는 값이므로 결국 소재에 따른 절삭 속도, v를 기억하는 것이 좋다.

  [표 5-1]과 같이 일반적으로 경강, 금형강, SUS와 같이 질기고 경한 소재의 절삭 속도는 50(m/min), 연강, 주철 등은 70(m/min), Al, Cu 등 연질의 비철금속은 100(m/min) 정도로 하고, 장비의 강성이나 치공구, 공구 마모 상태, 공구 돌출량(세장비), 실제 가공에서의 부하 정도 등을 종합적으로 고려하여 Spindle speed override를 수정한 후 피드백 받아 양산에 적용한다.

- 아래의 식 (2)와 같이 이송 속도, F 또한 회전수, N 및 날 수, Z에 따라 결정되므로, 날당 이송, f_z를 기억하는 것이 유리하며 [표 5−1]과 같이 일반적으로 경강, 금형강, SUS 등은 0.05(mm/tooth), 연강, 주철 등은 0.1(mm/tooth), Al, Cu 등 비철금속은 0.2(mm/tooth) 로 주고 가공 상황에 따라 Feedrate override 양을 조절하면서 피드백 받아 양산에 적용한다.

[표 5-1] 일반적인 절삭 속도 및 날당 이송량 테이블

소재	절삭 속도, v(m/min)	날당 이송량, f_z(mm/tooth)
경강, 금형강, SUS	50	0.05
연강, 주철	70	0.1
Al, Cu 등 비철금속	100	0.2

- 결국, 많은 현장 경험을 쌓으면서 피드백을 받고 정리하는 절삭 조건이야말로 공구사에서 추천하는 절삭 조건과 비교할 수 없는 효용 가치를 가지므로 늘 현장 실무 경험을 소중히 여기고 절삭 조건을 정리하며 데이터화하는 습관이 필요하다.

$$N = \frac{1000 \times v}{\pi \times D} = \frac{1000 \times 100}{\pi \times 12} = 2652 \approx 2650 \tag{1}$$

$$F = f_z \times Z \times N = f_r \times N = 0.2 \times 2 \times 2650 = 1061 \approx 1060 \tag{2}$$

여기서 N=회전수(RPM), v=절삭 속도(m/min), D=공구 직경(mm), F=이송 속도(mm/min), f_z=날당 이송량(mm/tooth), Z=날 수(개), f_r=회전당 이송량(mm/rev)

- 본 예제에서는 AL6061−T6 소재를 사용하므로 절삭 속도, v는 100m/min, 날당 이송, f_z는 0.2(mm/tooth), 날 수, Z는 2날인 엔드밀을 사용하므로 회전당 이송, f_r은 0.4(mm/rev)이 된다.

- 절삭조건을 입력하기 위하여 아래 그림과 같이 다이얼로그 박스의 네 번째, 절삭조건 탭(①)에서 Spindle output 만을 체크하고 나머지는 체크 해제한다. → 회전수를 절삭속도 단위(②)로 놓고 100m/min(③)을 주며, 이송속도는 회전당 이송량 단위(④)로 놓고 0.4mm/rev(⑤)를 준다.

- 이전에 입력한 공구직경(∮12-R2-코너레디우스 평엔드밀)과 연동하여 자동으로 회전수, N과 이송속도, F를 구하기 위해 절삭속도 단위를 RPM(⑥)으로, 이송속도 단위를 분당이송속도(mm/min)(⑧)로 다시 변경해주면 회전수 및 이송속도가 식 (1) 및 식 (2)에서 구한 값과 동일하게 계산되며(⑦, ⑨) 소수점을 절사하고 수정 입력한다.
Approach Feed(⑩)는 Machining Feed(⑨)와 차이를 두기 위해 100 정도 작게 하고 Retract Feed(⑪)은 생산성 확보를 위해 5000 이상으로 한다.

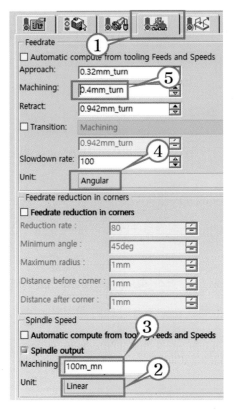
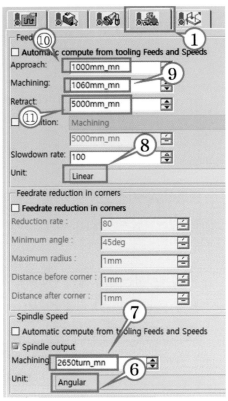

- 다이얼로그 박스의 다섯 번째 매크로(진입, 진출) 탭(①)에서 Automatic(②)을 클릭하고, ③과 같이 진입 경사각을 5도 이내로 제한한다. (경강의 경우는 3도 이내로 함)

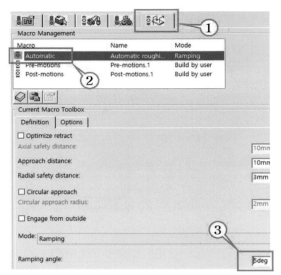

- 다이얼로그 박스의 다섯 번째 매크로(진입, 진출) 탭(①)에서 Approach와 Retract(②)를 우클릭하여 Activate 시키고, ③과 같이 Add axial motion 버튼을 2회 클릭한 후 ④를 클릭하여 90으로 한다. Retract(⑥)는 ⑦과 같이 Add axial motion 버튼을 1회 클릭한 후 ⑧과 같이 100mm로 해준다. ⑤는 저속 중절삭의 경우 90mm 내려오는 구간의 이송속도가 너무 느리므로 Retract를 G00으로 할 때 필요하다. (우클릭 사용)

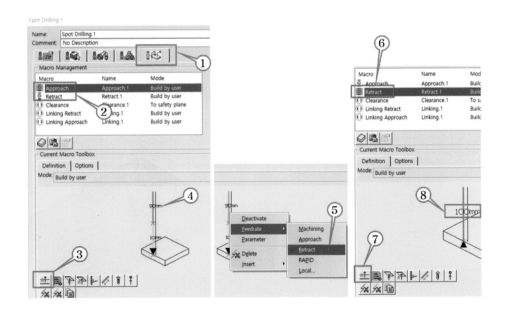

- 다이얼로그 박스의 첫 번째, 가공전략(Machining strategy) 탭(①)에서 Machining 탭 (②)의 ③을 체크하고 Radial 탭(④)의 Stepover length(⑤)를 6mm로 입력하거나 디폴트 값 그대로 Overlap ratio 50%로 둔다. Axial 탭(⑥)의 Maximum cut depth(⑦)를 1.2mm(⌀ 12의 0.1D)로 하고, Bottom 탭(⑧)의 ⑨를 체크한다.

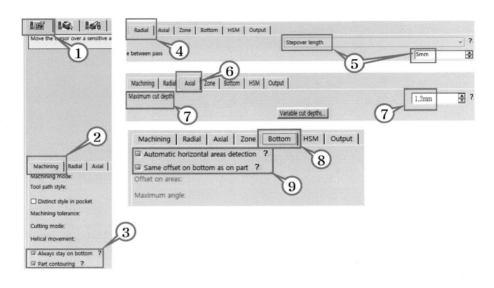

- 일반적으로 고속 가공에서는 최대 절입량(Maximum cut depth)을 공구 직경의 0.1배 (0.1D)로 한다. 절입량을 작게 하고 회전수와 이송속도를 빠르게 함으로써 절삭열이 공구나 소재로 전도되기 전에 이미 다음 부분을 가공함으로써 전도열에 의한 공구의 연화나 소재의 열 변형과 치수 변형을 사전에 방지하기 위함이다.
- Tool Path Replay에서 공구경로를 확인한 뒤에는 비디오가공(①)을 실행하고, 비디오결과 저장(②)을 클릭하여 현재의 모의가공 결과를 저장한다. (이후 모든 공정 동일)

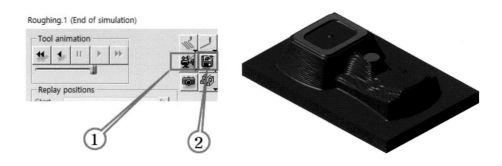

(3) 육면체 상면의 Pocketing 정삭

- Roughing.1(①)을 클릭한 후 Pocketing 아이콘(②)을 클릭한다.

- 다이얼로그 박스의 두 번째, 모델링 선택 탭에서 Bottom plane 아이콘(①)을 클릭
  → 모델링의 육면체 상면(②)을 선택한다. 공구경로를 매끄럽게 하기 위해 Hard
  Boundary를 사각 영역 바깥쪽으로 − 2mm(③) 연장하고 → 코너 R2를 고려하여
  Offset on Contour 값을 − 2mm(④)로 한다.

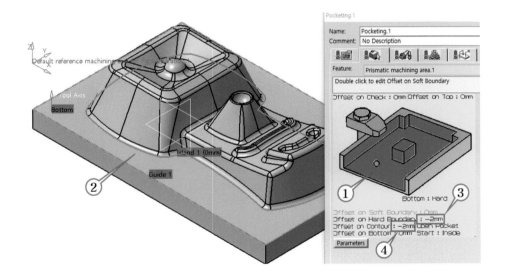

- 다이얼로그 박스의 세 번째(공구) 탭과, 네 번째(절삭조건) 탭은 황삭과 동일하므로 수
  정하지 않고, 다섯 번째 매크로(진입, 진출) 탭(①)에서 Approach와 Retract(②)를 우클
  릭하여 Activate 시키고, 진입, 진출 모두 ③과 같이 Horizontal horizontal axial 모
  드로 선택하며 Retract의 axial 진출 부분(④)을 100mm로 한다.(공구 교환하지 않고 다음
  공정에서 또다시 현재 공구를 사용한다면 20mm로 한다. 여기서는 100mm로 한다.)

- Approach의 Mode를 ⑤와 같이 Build by user로 설정하고 ⑥과 같이 Add axial motion 버튼을 클릭하며 ⑦과 같이 90으로 설정한다. 저속 중절삭의 경우에만 노란선을 우클릭하여 ⑧과 같이 Retract 피드로 변경한다. Approach와 Retract 모두 ⑤와 같이 Build by user로 설정한 후 ⑨와 같이 Copy macro를 실행한다. Copy macro를 실행하면 Approach와 Retract 아래의 Return in a Level Retract와 Return in a Level Approach 등에 그대로 복사되므로 만약 Pocket 명령을 사용할 때, z-Level을 여러개 하여 수행한다면 복사된 Return in a Level Retract와 Return in a Level Approach를 더블클릭하여 z 방향 진입, 진출 길이 등 일부 수정 후 사용할 수 있다.

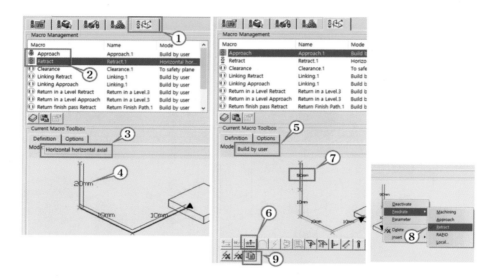

- 다이얼로그 박스의 첫 번째, 가공전략(Machining strategy) 탭(①)에서 Tool path style을 ②와 같이 Inward helical로 하고 Radial 탭(③)에서 ④와 같이 체크한 후, ⑤ 의 Axial 탭에서 ⑥과 같이 Number of levels 모드로 바꾸고 ⑦과 같이 1회로 준 후 Tool Path Replay를 실행한다. ⑧의 Machining 탭에서는 Machining tolerance를 0.01(⑨)로 준다

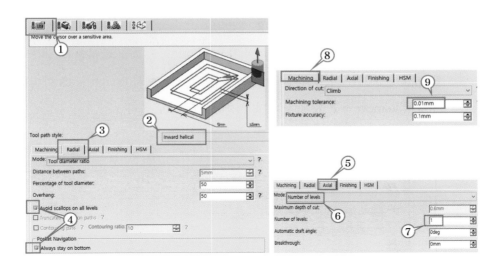

- 다이얼로그 박스 첫 번째, 가공전략(Machining strategy) 탭의 Finishing 탭(①)에서 ②③과 같이 수정하고 네 번째, 절삭조건 탭(④)에서 ⑤와 같이 한다.

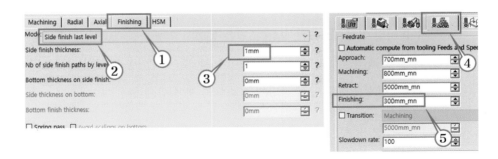

- Tool Path Replay에서 공구경로를 확인한 후에는 비디오가공을 실행하고, 비디오 결과 저장을 클릭하여 현재 모의가공 결과를 저장한다.

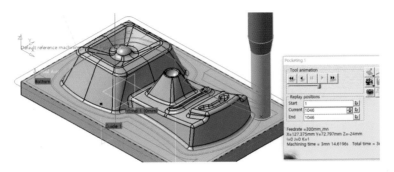

(4) Reworking Area Roughing (황잔삭)

- 트리의 Roughing.1(①)을 ctl+c 하여 Pocketing.1(②)을 클릭한 뒤 ctl+v 한다. Roughing.3(③)를 더블 클릭하여 모델링 선택 탭(④)에서 Rough stock 아이콘(⑤)을 우클릭 Remove하고 ⑥과 같이 가공 잔량을 0.3으로 한다.

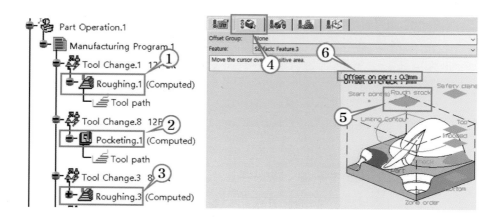

- 복사 붙여넣기 하였으므로 모든 조건은 동일하고 공구(8F-1R) 탭(①)과 가공전략 탭 (②)의 일부 조건을 아래와 같이 변경한다. 단 회전수, 이송속도 등 절삭조건은 공구 직경이 변하였으므로 이전 설명에 기초하여 재 계산해준다.

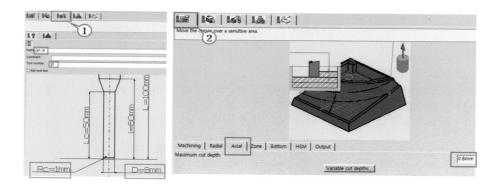

- Tool Path Replay에서 공구경로를 확인한 후에는 비디오가공을 실행하고, 비디오 결과 저장을 클릭하여 현재 모의가공 결과를 저장한다.

- 트리의 Roughing.3(①)을 ctl+c 하여 ctl+v 한다. Roughing.4(②)를 더블 클릭하여 모델링 선택 탭(③)에서 ④와 같이 잔량 0.2로 한다.

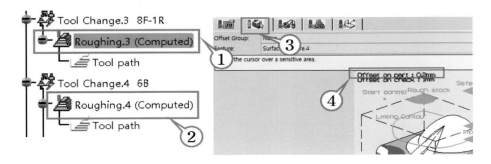

- 복사 붙여넣기 하였으므로 모든 조건은 동일하고 공구(6B) 탭(①)과 가공전략 탭(②)의 일부 조건을 아래와 같이 변경한다.

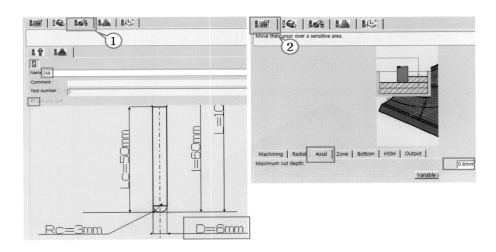

- 단 절삭조건은 공구 직경이 변하였으므로 이전 설명에 기초하여 재 계산해준다. 6B(ø6 볼엔드밀) 공구의 재계산 결과 회전당 이송량 0.4mm/rev(①)일 때 이송속도는 2120mm/min(②)이나 황잔삭은 불규칙적으로 남은 황삭 결과물을 제거하는 가공이므로 가공 부하량이 일정하지 않기 때문에 절반 정도로 낮추어서 1000mm/min(③)으로 한다. 8F-1R도 마찬가지로 절반 정도로 이송속도를 낮춘다.

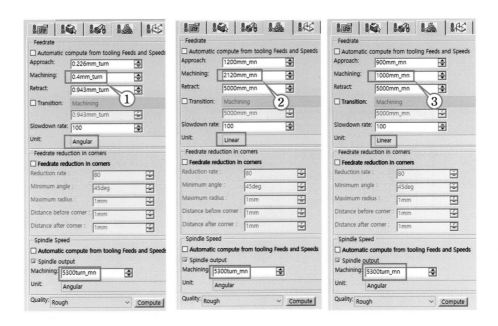

- Tool Path Replay에서 공구경로를 확인한 후에는 비디오가공을 실행하고, 비디오 결과 저장을 클릭하여 현재 모의가공 결과를 저장한다.

(5) Finishing (정삭)

- 트리의 Roughing.4(①)을 클릭하고 수직 영역을 위주로 정삭하는 명령인 ZLevel(②) 아이콘을 클릭한다. 모델링 수정이 필요한 경우 메인 메뉴 Window(③)에서 ④와

같이 CATPart를 선택하며 마찬가지로 CAM 작업으로 복귀할 때는 CATPart(④) 위의 CATProcess를 선택한다.

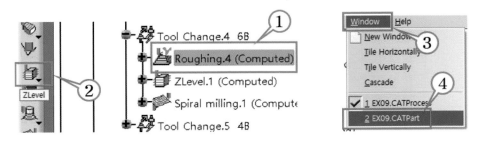

• 육면체 상면을 스케치 면으로 하여 그림과 같이 모델링의 boundary(②)를 Project 명령(①)을 이용하여 추출한다.

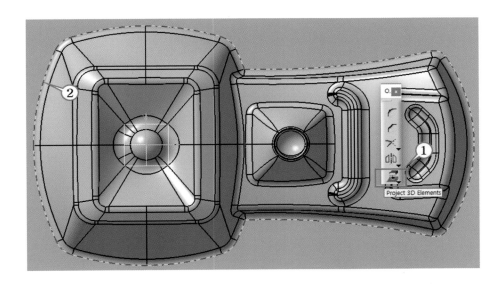

• 메인 메뉴 Window의 CATProcess를 선택하여 CAM 워크벤치로 복귀한 뒤 ZLevel.1을 더블 클릭하여 모델링 선택 탭(①)에서 Part(②)를 클릭하고 트리의 Part Body(②)를 선택한다. → Limiting Contour(③)를 방금 전에 추출한 boundary로 선택한다. 가공 잔량(④)은 0mm로, Contour로 부터의 Offset은 3mm(⑤)로 준다.

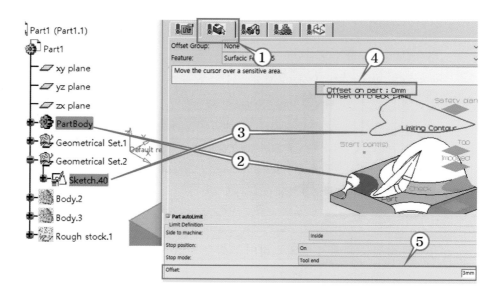

• 다이얼로그 박스의 세 번째, 공구 탭(①)에서 ②와 같이 6B(∅6 볼엔드밀)로 입력하고 엔터 키를 누른 후 ④번을 체크하고 ⑤번을 6으로 입력한다. 황잔삭에서 이미 만들었으므로 여기서는 6B(②)라고 입력하면 자동으로 기 생성된 6B(∅6 볼엔드밀) 공구가 호출된다.

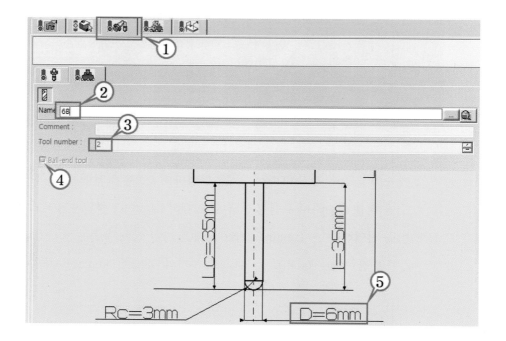

- 다이얼로그 박스의 네 번째, 절삭조건 탭(①)에서 ②만 체크하고, 앞서 계산한 바와 같은 방법으로 ③, ④의 절삭조건을 입력한다. 황잔삭은 이송속도를 1000으로 낮추었지만 정삭은 계산값 그대로 2100을 사용한다.

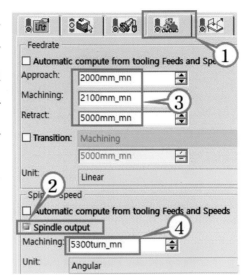

- 다이얼로그 박스의 다섯 번째, 매크로(진입, 진출) 탭(①)의 Approach와 Retract를 각각 선택하여 Build by user(③) 모드로 하고 우측 그림과 같이 설정한다.

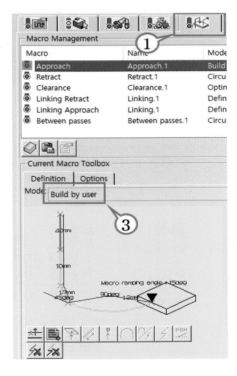

- 다이얼로그 박스의 첫 번째, 가공전략(Machining strategy) 탭(①)에서 아래와 같이 입력한다.

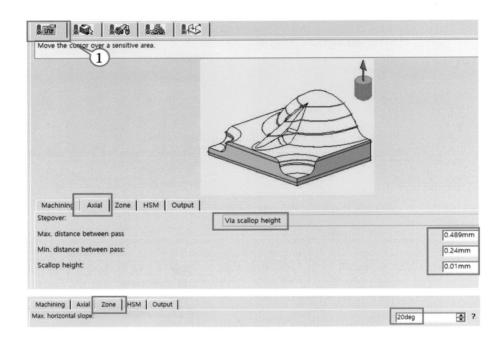

- ZLevel.1(①)을 클릭하고 수평 영역을 위주로 정삭 하는 명령인 Spiral Milling 아이콘(②)을 클릭한다. 모든 조건은 ZLevel.1과 동일하고 가공전략 탭에서 ③ → ⑥의 순서로 자동 입력되어 있는지 확인한다.

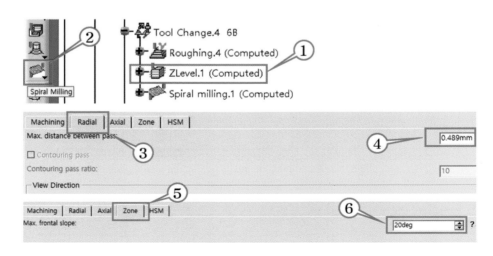

- Tool Path Replay에서 공구경로를 확인한 후에는 비디오가공을 실행하고, 비디오 결과 저장을 클릭하여 현재 모의가공 결과를 저장한다.

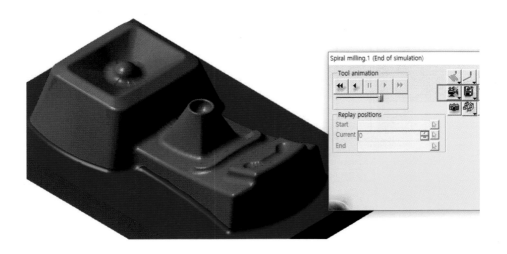

(6) Reworking Area Finishing (잔삭)

- Rework Area 아이콘(①)을 실행한 후 Part Sensitive 아이콘(②)을 클릭하고 작업창의 모델링을 선택하며, Tool Reference(③)의 값을 ④와 같이 6B 공구로 선택한 후 계산(⑤)한다.

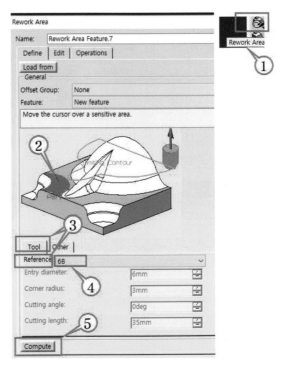

- Manufacturing Program.1 트리의 Spiral Milling.1(①)을 클릭한 후 Contour-driven 아이콘(②)을 클릭한다. 다이얼로그 박스의 두 번째, 모델링 선택 탭(③)에서 Feature(④)를 Rework Area Feature.1(⑤)로 선택한다.

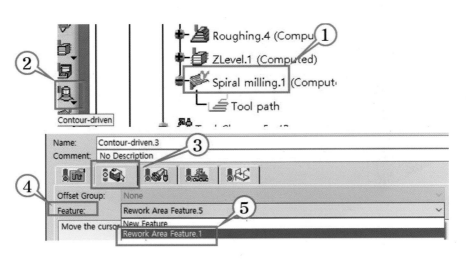

- 다이얼로그 박스의 두 번째, 공구 탭(①)에서 ②와 같이 4B – 5D – 10S–35TL (∅ 4 테이퍼 볼엔드밀 – 테이퍼각, 5° – 샹크경 ∅ 10 – 테이퍼길이 35mm)로 입력하고 엔터를 누른 후 ④번을 체크하고 ⑤번을 2mm로 입력한다. ⑥번은 10도(양쪽각도)로 입력하고 ⑦번의 샹크 직경은 10mm로, ⑧번의 홀더 직경은 40mm로 설정한다.

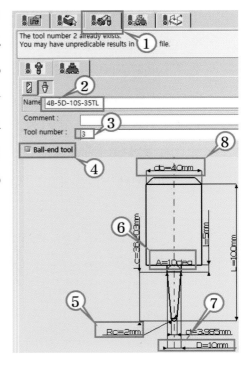

- 다이얼로그 박스의 네 번째, 절삭 조건 탭(①)에서 ②만 체크하고, 앞서 계산한 바와 같이 ③, ④의 절삭 조건을 입력한다. 테이퍼 볼엔드밀은 비록 직경이 ∅4이지만 생크 직경이 크므로 6B에 준하여 가공한다.

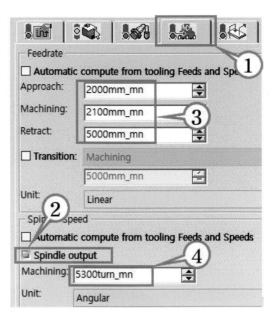

- 다이얼로그 박스의 다섯 번째, 매크로(진입, 진출) 탭(①)의 Approach와 Retract를 각각 선택하여 Build by user(②) 모드로 하고 Add high speed milling motion(③)을 이용하여 그림과 같이 설정한다.

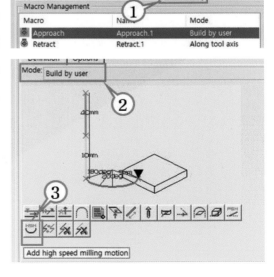

- 다이얼로그 박스의 첫 번째, 가공전략(Machining strategy) 탭에서 Radial 탭에 아래와 같이 경로 간격 0.48mm와 최대 절입량 0.2mm(경로간격의 약 절반)를 입력한다.

Machining	Radial	Axial	Strategy	Island
Stepover:			Constant 3D	
Distance between paths:				0.48min
Sweeping strategy:			From guide to zone center (spiral)	
Maximum cut depth:				0.2mm

- Tool Path Replay에서 공구경로를 확인한 후에는 비디오가공을 실행한다.

• Manufacturing Progrma.1(①)을 우클릭하여 아래의 순서로 NC 데이터를 출력한다.

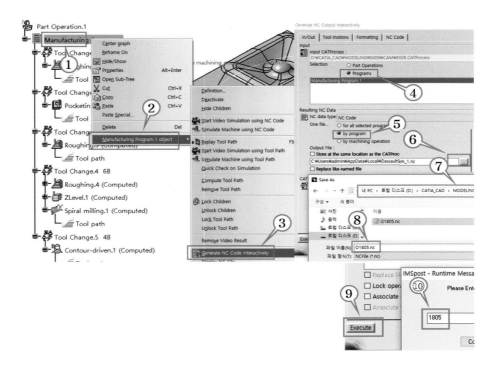

(7) 모의 가공

• 생성한 NC 데이터를 VERICUT 프로그램에 입력하여 모의 가공을 수행하면 아래와 같은 결과를 얻을 수 있다.

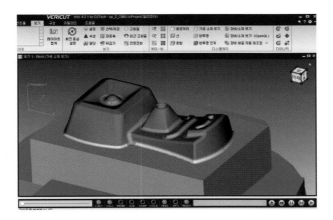

3) EX09 과제의 절삭 가공

- 3축 MCT의 공작물 좌표계, 공구 세팅 등 장비 조작법은 5.2절을 참조한다. 본 절의 실무 CAM 과제 수행을 통해 생성한 NC 데이터를 사용하여 가공할 때, CATIA와 VERICUT에서의 모의가공 시간은 약 1시간 40분이었으며 실제 MCT에서의 가공 소요 시간은 약 1시간 50분이었다.

- (a)는 140×90×60 사이즈의 가공 소재로 AL6061-T6 재질이다. (b)는 3축 MCT에서 절삭유를 사용한 습식 절삭 가공 중 장면을 보여 주며 (c)는 12F-2R 코너레디우스 엔드밀을 이용한 황삭을 (d)는 8F-1R 코너레디우스 엔드밀을 이용한 황잔삭을 보여준다. (e)는 6B(ϕ 6 ball) 볼엔드밀을 이용한 정삭을 보여주며 (f)는 4B 볼엔드밀을 이용한 잔삭 가공 장면을 보여준다.

- (g)는 최종 가공 결과를 보여준다.

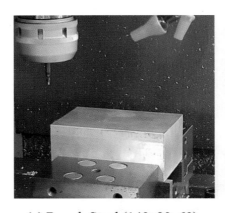

(a) Rough Stock(140x90x60)

(b) Machining by 3-axis MCT

(c) Roughing (12F-2R) (d) Reworking Area Roughing (8F-1R)

(e) Finishing (6B) (f) Reworking Area Finishing (4B)

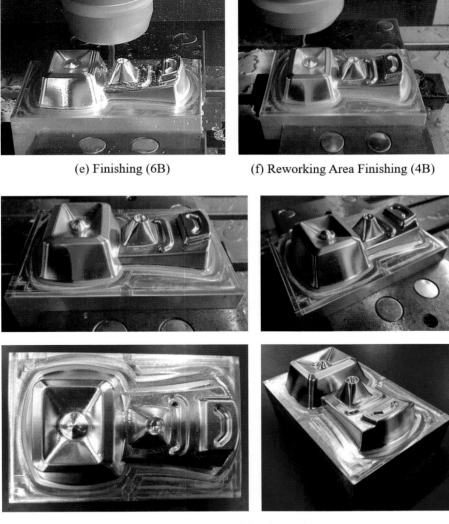

(g) Machined Result

5.2 2020 개정 자격증 실기 CAM (EX11)

(컴퓨터응용가공 산업기사, 기계가공 기능장)

1) 예제도면	EX11 상면 과제	수동 프로그래밍	50분	3시간
		MCT 가공	전체 1시간 30분	

1. 요구사항
　가. 지급된 도면의 매뉴얼 NC 프로그램을 작성하고 MCT에서 자동운전 가공한다.

Section view A-A (1:1)

No.	공정 및 공구	공구 번호	보정 번호		회전수 N (RPM)	이송속도 F (mm/min)
			H	D		
1	센터 드릴	T02	H02			
2	∅8 드릴	T03	H03		S1000	F100
3	∅10 엔드밀	T01	H01	D01		
4	M8 탭	T04	H04		S100	F125

2) 예제도면	EX11 하면 과제	CAM 프로그래밍	40분	3시간
		MCT 가공	전체 1시간 30분	

1. 요구사항
   가. 지급된 도면을 참조하여 3D 모델링을 수행한다.
   나. 지급된 도면의 CAM 프로그램을 작성하고 MCT에서 자동운전 가공한다.

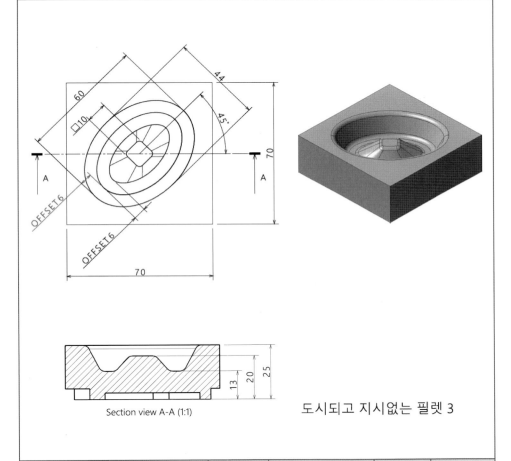

Section view A-A (1:1)

도시되고 지시없는 필렛 3

No.	공정 및 공구		공구 번호	보정 번호		회전수 N (RPM)	이송속도 F (mm/min)
				H	D		
1	황삭	φ10 엔드밀	T01	H01		S3200	F1200
2	황잔삭	φ8 드릴	T05	H05		S5300	F1300
3	정삭						F2100

3) EX11-상면 과제의 수동 프로그램

(1) 좌표 계산 및 소수점 입력

- 아래 그림은 계산기를 이용한 좌표 기록 사례로, 수많은 수험생이 좌표 착오로 탈락하는 현실을 고려 한다면 실기 시험 도면을 받고 나서 최초로 해야 할 작업이자 가장 중요한 일이라 하겠다. 자신의 암산을 믿지 말고 정확한 계산기를 믿고 프로그램 작성 이전에 각 위치에서의 좌표를 사전에 계산하고 기록해야 할 것이다.

- 수험생의 가장 흔한 실수 중 하나가 좌표 뒤에 소수점을 입력하지 않는 경우이다. 예를 들어 G1 X62. Y66.;으로 입력할 블럭을 실수로 G1 X62 Y66.;으로 입력했다면 컨트롤러는 G1 X(62/1000) Y66.;으로 인식하여 결국 G1 X0.062 Y66.;의 위치로 이동하게 된다. 따라서 V-CNC 검증 시 오류가 생겼다면 가장 먼저 체크해야 할 것이 바로 좌표 기록값의 오류 여부이고, 두 번째 체크포인트는 소수점의 올바른 입력이라 하겠다.

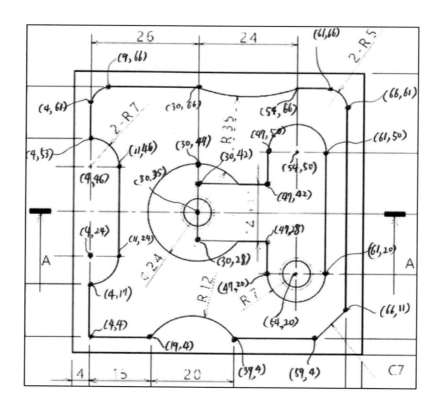

(2) 엔드밀가공 (윤곽 황삭)

- 아래 그림의 빨간색 화살표는 윤곽 황삭 경로 괘적(Tool path)을 보여준다. 윤곽 황삭 가공은 공구경 보정을 사용하지 않고 공구 중심점의 이동 경로를 정의하는 것으로, 정삭 시 가공 부하를 줄이거나 사각 윤곽의 잔삭을 사전에 제거하기 위한 목적으로 수행한다. 따라서 그림과 같이 정삭 여유량 1mm를 고려하여 공구반경 5mm+1mm=6mm를 종점 좌표에서 더하거나 빼주면서 경로 상의 좌표를 구한다.
- 황삭경로 중 공구 중심 이상 진입하는 경우(④, ⑤)만 안쪽으로 진입하고 나머지는 사각 윤곽의 잔삭 개념으로 가공하여 그림의 흰색 화살표 바깥쪽이 제거되도록 한다. ⑪~⑭의 포켓 황삭 경로는 포켓가공에서 다시 언급한다.

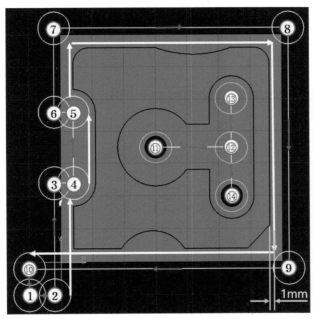

엔드밀가공 (윤곽 황삭)	
Z-5. F100	①로 진입
X-2.	②로 이동
Y24.	③으로 이동
X4.	④로 이동
Y46.	⑤로 이동
X-2.	⑥으로 이동
Y72.	⑦로 이동
X72.	⑧로 이동
Y-2.	⑨로 이동
X-10.	⑩으로 이동
Y-10.	①로 복귀

(3) 엔드밀가공 (윤곽 정삭)

- 아래 그림의 1점 쇄선(이하 중심선)과 빨간 화살표는 윤곽 정삭경로의 공구 중심 궤적을 보여주는 것으로 공구 반경(R)만큼 옵셋한 흰색 화살표까지 정삭이 이루어질 것이다. 그런데 공구 중심점 경로로 정삭 프로그램을 작성하려면 그림의 중심선 궤적 상의 모든 좌표를 재차 구해야 한다. ①번 위치에서 시작하여 ⓒ위치를 정의한 후 중심선을 따라가면서 제품 윤곽선에서 공구 반경만큼 옵셋된 위치를 일일이 구해야 하는 것이다. 만약 공구 반경값만큼 옵셋된 좌표를 일일이 구하지 않고 제품 윤곽상의 좌표만 정의하여도 반경값만큼 자동으로 옵셋(보정)되어 이동한다면 프로그램 작성이 매우 간편할 것이다. 즉, ①번 위치에서 시작하여 공구 중심점인 ⓒ가 아니라 윤곽상의 연관 좌표인 ②번을 지정하고 이어서 제품 윤곽의 좌표들인 ③, ④, ⑤, ⑥ ~ ⑦번 점들을 경유하여 최종적으로 ①번 위치를 정의해 준다면 매뉴얼 프로그램 작성이 매우 편리할 것이다.

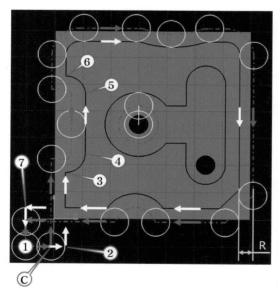

엔드밀가공 (윤곽 정삭)	
G41 X4. D1	②로 좌측보정하며 이동
Y17.	③으로 직선보간 이동
G3 X11. Y24. R7.	④로 원호보간 이동
G1 Y46.	⑤로 직선보간 이동
G3 X4. Y53. R7.	⑥으로 원호보간 이동
G1 Y61.	
G2 X9. Y66. R5.	
G1 X30.	
G3 X54. R35.	
G1 X61.	
G2 X66. Y61. R5.	
G1 Y11.	
X59. Y4.	
X39.	
G3 X19. R12.	
G1 X-10.	⑦로 직선보간이동
G40 Y-10.	①로 복귀하며 보정취소

- 이와 같이 반경값만큼 자동으로 옵셋(보정)하기 위한 명령으로 공구(반)경 보정(G41, G42) 기능을 사용한다. 공구 경보정 기능은 프로그램의 편리성 외에도 치수공차나 공구 마모량을 고려하여 옵셋량을 임의로 수정함으로써 품질 향상과 공구 수명 연장을 꾀할 수 있다. 일반적으로 과절삭이 아닌 미절삭 경향이 있는 하향 절삭을 위하여 공구의 이동경로 방향 좌측에 공구 보정값 만큼 옵셋하는 좌측 보정 (G41)을 주로 사용한다.

(4) 엔드밀가공 (포켓가공)

- 아래 그림은 포켓가공 경로를 보여주는 것이다. 먼저 드릴 가공 위치인 ①로 진입한 후 공구경 좌측 보정을 하면서 ②번 좌표를 지정하면 컨트롤러는 지정한 옵셋량만큼 자동으로 옵셋되어 ⓒ위치로 공구 중심을 이동할 것이다. 이후부터 황삭은 실제 공구 중심 좌표, 정삭은 도면상의 좌표를 지정해 준다고 생각하면서 프로그램을 작성하는 것이 용이하다. ②번 좌표로 이동한 공구는 360도 원호보간 명령으로 원호를 가공하고 다시 ①번 위치로 공구 경보정을 취소하면서 복귀한다. 이와 같이 경보정을 주면서 이동한 초기점인 ①번 위치로 복귀하면서 보정 취소를 해야 에러를 줄일 수 있다.

- 다음, 공구 경보정 없이 황삭 개념으로 ③⇒④⇒⑤로 이동한 후 이동 경로의 직각 방향인 ⑥번으로 이동하면서 공구 경보정을 한다. 이후부터는 도면상의 좌표인 ⑦~⑬까지 이동하고, 다시 ⑥번으로 이동한 후 경보정을 준 초기점 ⑤번 좌표로 직각으로 이동하면서, 이 지점에서 경보정을 취소한다. 수많은 수험자나 학생들이 공구 경보정 에러 때문에 아쉽게 실기시험에서 탈락하고 있다.

- 공구 경보정에서는 아래의 네 가지 개념만 정확하게 이해한다면 에러 없이 매뉴얼 프로그램을 작성할 수 있다.
    ⓐ Z방향으로 진입한 후 바로 보정을 주는 경우(그림4의 ①번에서 ②번으로 이동하는 경우)는 X, Y 평면의 어느 방향으로 가면서 경보정을 하여도 무관하다. 그러나 이미 Z방향으로 진입하여 이동하는 경로 상에서 경보정을 주어야 할 때는 반드시 진행 경로의 직각 방향으로 이동하면서 보정을 주며(그림4의 ⑤번에서 ⑥번으로 이동

하는 경우), 직각으로 이동할 수 없다면 예각을 피하고 둔각을 택한다.

ⓑ 특수한 경우가 아니라면 경보정을 주기 시작한 초기점으로 복귀하면서 경보정을 취소한다.(그림3, 그림4 모두 해당)

ⓒ 공구 경보정은 반경 반향 보정이므로 경보정을 수행하고 있는 평면을 벗어나면서(예를 들어 Z방향으로 이동하면서, 혹은 이동한 이후에) 경보정을 취소하지 않고, 반드시 Z위치가 고정된 임의 X, Y 평면 상에서 보정을 주고 그 평면에서 보정을 취소한다.

ⓓ 만약 공구 경보정을 이용한 윤곽 가공 시 한 바퀴 다 돌고 마지막으로 원호 가공(G03)을 끝내고 G01 X-10. 위치로 이동할 경우 원호 끝단에 버가 남을 수 있기 때문에 Y 방향으로 조금 더 올라가서 X-10.으로 이동할 수 있다. 이때 Y 방향으로 올라가는 양은 공구 반경보다 커야 한다. 넉넉하게 공구 직경 정도 준다면 문제가 없으나 너무 적은 양을 주고 좌측으로 빠지거나 경보정을 해제하면 V-CNC에서는 에러가 없으나 실제 가공시 "경보정에서 과다 절입"이라는 알람 메시지가 발생하므로 주의한다.

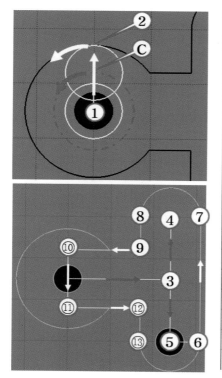

엔드밀가공 (포켓가공)	
Z-3. F50 M8	①로 진입
G41 Y47. F100	②로 좌측보정하며 이동
G3 J-12.	360도 원호보간
G40 G1 Y35.	①로 보정취소하며 복귀
X54.	③으로 이동
Y50.	④로 이동
Y20.	⑤로 이동
G41 X61.	⑥으로 보정하며 이동
Y50.	⑦로 이동
G3 X47. R7.	⑧로 원호보간 이동
G1 Y42.	⑨로 이동
X30.	⑩으로 이동
Y28.	⑪로 이동
X47.	⑫로 이동
Y20.	⑬으로 이동
G3 X61. R7.	⑥으로 원호보간 이동
G40 G1 X54.	⑤로 보정취소하며 복귀

(5) 예제도면의 매뉴얼 NC 프로그램　　* 빨간색으로 표시된 부분은 핵심 체크포인트

P/G	해석	
%	DNC시 PG 보호 기능	
O3110	프로그램명	
센터드릴 가공		
G40 G49 G80	경보정, 길이 보정, 사이클 취소	공구마다 동일한 반복 패턴이므로 이 부분을 복사 붙여넣기 한 후 공구번호(T02)와 보정번호(H02), 회전수(S1000) 및 좌표 수정
(G30 G91 Z0 M19)	구식 장비인 경우 삽입	
T02 M06	센터드릴 공구 교환	
S1000 M03	회전수 지정 및 정회전	
G54 G90 G01 X30. Y35. F1000	공작물 좌표계 및 공구 길이 보정하면서 센터 가공 안전 위치로 이동	
G43 Z150. H02		
Z10. M08	초기점으로 이동	
G98 G81 Z-3. R3. F100	스폿드릴 사이클	
X54. Y20.	두 번째 점 사이클	
G00 Z150. M09	안전 위치로 이동	
드릴 가공		
G40 G49 G80		
T03 M06		
S1000 M03		
G54 G90 G01 X30. Y35. F1000	공작물 좌표계 및 공구 길이 보정하면서 드릴 가공 안전 위치로 이동	
G43 Z150. H03		
Z10. M08		
G98 G83 Z-24. Q3. R3. F100	팩드릴 사이클	
X54. Y20.		
G00 Z150. M09		
엔드밀 가공 (윤곽 황삭)		
G40 G49 G80		
T01 M06		황삭 경로는 여유량 1mm를 고려하여 공구반경 5mm + 1mm = 6mm를 종점 좌표에서 더하거나 빼주면서 구하면 됨. 윤곽 경로 중 공구 중심 이상 진입하는 경우(④, ⑤)에만 안쪽으로 진입함. 포켓 가공 시 드릴 가공 위치로 진입함.
S1000 M03		
G54 G90 G01 X-10. Y-10. F1000	공작물 좌표계 및 공구 길이 보정하면서 엔드밀 가공 안전 위치로 이동	
G43 Z150. H01		
Z10. M08		
Z-5. F100	①로 진입, 절입량(Z-5.) 주의	
X-2.	②로 이동	
Y24.	③으로 이동	
X4.	④로 이동	
Y46.	⑤로 이동	
X-2.	⑥으로 이동	
Y72.	⑦로 이동	
X72.	⑧로 이동	
Y-2.	⑨로 이동	
X-10.	⑩으로 이동	
Y-10.	①로 복귀	

P/G		해석
엔드밀 가공 (윤곽 정삭)		
G41 X4. D1		
Y17.		
G3 X11. Y24. R7.		
G1 Y46.		
G3 X4. Y53. R7.		
G1 Y61.		
G2 X9. Y66. R5.		
G1 X30.		
G3 X54. R35.		* 빨간색으로 표시된 핵심 체크포인트를 확실하게 체크하는 것이 실수 없는 합격의 비밀이다.
G1 X61.		
G2 X66. Y61. R5.		
G1 Y11.		
X59. Y4.		
X39.		
G3 X19. R12.		
G1 X-10.		
G40 Y-10.		
Z10. F1000 M9	진출 피드(F1000) 주의	

엔드밀 가공 (포켓가공)	**피타고라스 정리 사용**	
X30. Y35.	X30. Y35.	포켓 초기점으로 이동
Z5.	Z5.	
Z-3. F50 M8	Z-3. F50 M8	절입량(Z-3.), 피드(F50) 주의
G41 Y47. F100	X54. F100	포켓 가공 피드(F100) 주의
G3 J-12.	Y50.	
G40 G1 Y35.	Y20.	
X54.	G41 X61.	**탭 가공**
Y50.	Y50.	G40 G49 G80
Y20.	G3 X47. R7.	T04 M06
G41 X61.	G1 Y42.	S100 M03
Y50.	X39.747 (피타고라스값)	G54 G90 G01 X30. Y35. F1000
G3 X47. R7.	G3 Y28. R-12.	G43 Z150. H04
G1 Y42.	G1 X47.	Z10. M08
X30.	Y20.	G98 G84 Z-24. F125
Y28.	G3 X61. R7.	X54. Y20.
X47.	G40 G1 X54.	G00 Z150. M09
Y20.	G00 Z150. M09	**프로그램 종료**
G3 X61. R7.		G40 G49 G80
G40 G1 X54.		M30
G00 Z150. M09		%

(6) 모의 가공

- 아래의 순서대로 공작물 생성과 공구 설정을 수행한다.

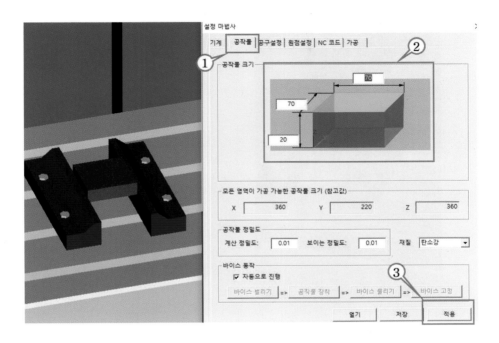

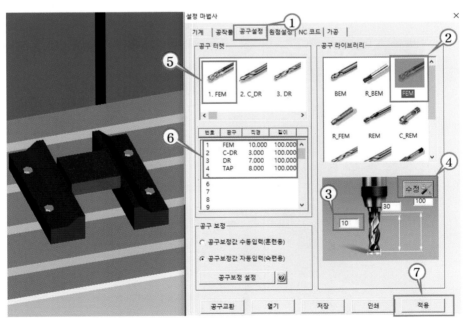

- 아래와 같이 원점설정을 수행한다.

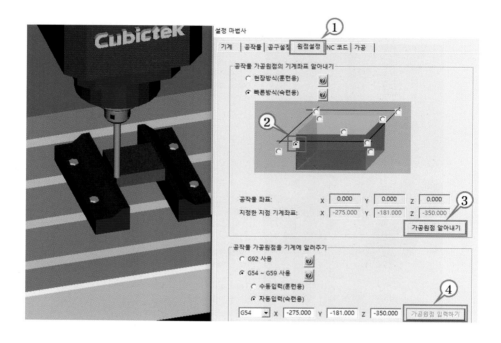

- 아래와 같이 작성한 NC 파일을 선택한 후 설정완료 버튼을 클릭한다.

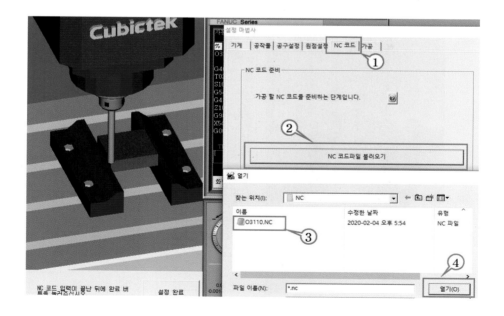

- 아래와 같이 자동 모드에서 Single block 토글 스위치를 ON 한 상태로 자동개시 버튼을 1회 클릭하고 이후부터는 Space bar를 클릭하여 모의 가공을 수행한다.

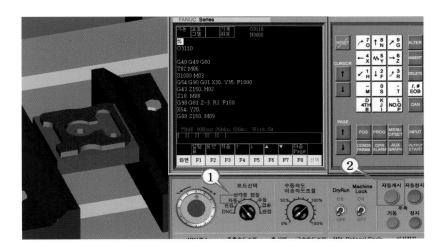

- 메인 메뉴의 검증.〉도면작성을 선택하여 치수 측정을 수행한다.

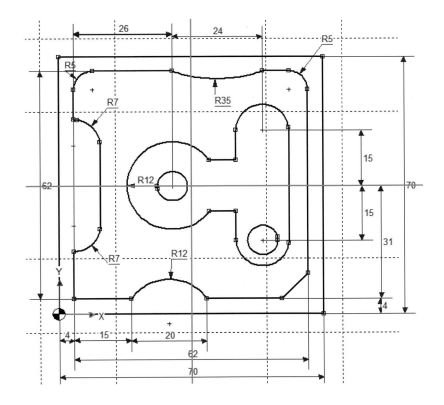

4) EX11-하면 과제의 CAM 프로그램

(1) CAM 작업 기본 환경 설정
- 메인 메뉴의 Tools → Options에서 Machining(①)을 선택한 뒤 General(②)에서 ③을 체크한다. Output(④)의 Post Processor는 IMS(⑥)를 체크하며 그 아래 Extension(확장자)은 nc(⑦)로 설정한다.

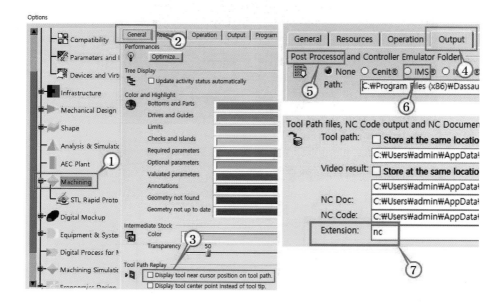

- EX11.CATPart 모델링 파일을 열고 아래의 순서로 Advanced Machining 워크벤치로 들어간다. Advanced Machining 워크벤치로 들어가면 모델링 파일을 연 폴더에 그대로 파일 이름을 EX11로 입력하여 EX11.CATProcess 파일을 생성한 후 작업 중간 중간에 저장(Ctl+s)한다.
- Advanced Machining 워크벤치로 들어가면 공작물 좌표계를 명확히 하기 위해 저장하고 나서 곧바로 작업창 하단의 Isometric View(▦)를 클릭한다.

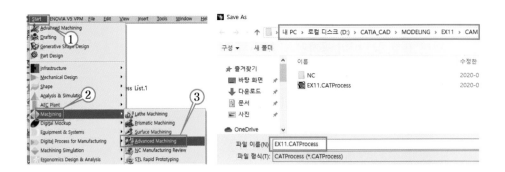

- 황삭 소재(Stock) 생성을 위해 ①과 같이 Create rough stock 아이콘을 클릭하고 ②
번의 모델링 파일을 클릭하며 1회 더 모델링 파일을 클릭한 뒤, ③번의 OK를 클릭
하면 P.P.R(Process, Product, Resource) 트리의 ProductList에 ④와 같이 Rough stock.1이
생성되고 ⑤와 같이 Stock이 생성된다.

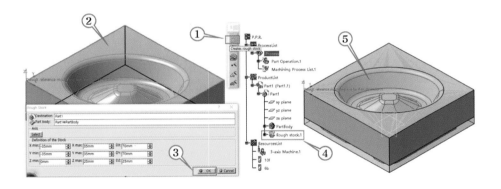

- P.P.R 트리(①)의 Part Operation.1(②)을 더블 클릭한 뒤 Machine 버튼(③)을 클릭하
고 Machine과 NC 관련 옵션을 ④ → ⑧ 의 순서로 설정한다.

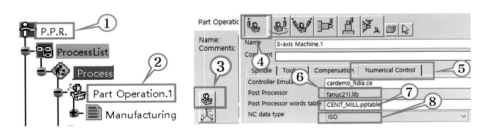

- Machine 설정이 완료되면 공작물 좌표계 세팅을 위해 아래와 같이 작업하거나 모델링 과정에서 이미 공작물 좌표계 원점과 모델링 원점을 동일하게 하였다면 생략한다. 모델링 원점이 가공 원점과 동일하지 않다면 ②를 클릭한 뒤 모델링에서 공작물 좌표계 원점을 선택(③)한다.

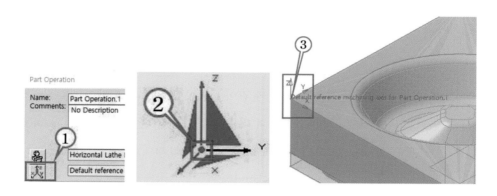

- 공작물 좌표계 세팅이 완료되면 모의 가공을 위한 Stock 아이콘(①)을 클릭한다. Stock을 트리에서 선택(②)하거나 작업창 모델링에서 선택(③)한다. 이때 아무런 반응(Event)이 일어나지 않으면 CATIA 작업창의 바탕화면을 더블 클릭한다. 이후부터 CAM 워크벤치의 모든 명령 수행 중 Event가 일어나지 않으면 항상 작업창의 빈 바탕화면을 더블 클릭한다.

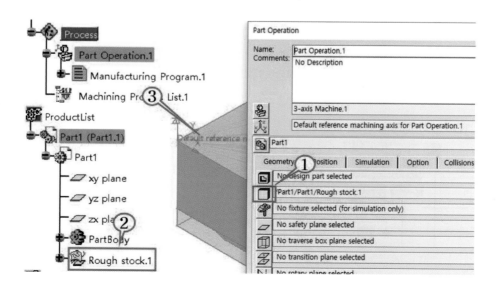

(2) Roughing (황삭)

- Manufacturing Program.1(①)을 클릭한 후 Roughing 아이콘(②)을 클릭한다.

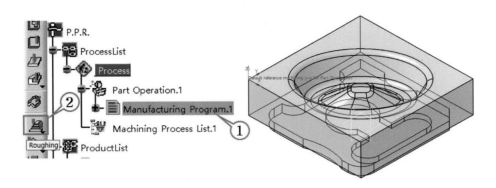

- Roughing.1 다이얼로그 박스의 두 번째 탭인 모델링 선택 탭(①)에서 Stock Sensitive 아이콘(②)을 클릭한 후 트리 ProductList(③)의 Rough stock.1(④)를 선택하고 동일한 방법으로 Part Sensitive 아이콘(⑤)를 선택하여 PartBody(⑥)을 선택하며 마지막으로 정삭여유량(⑦)(잔량)을 0.5mm로 설정한다.

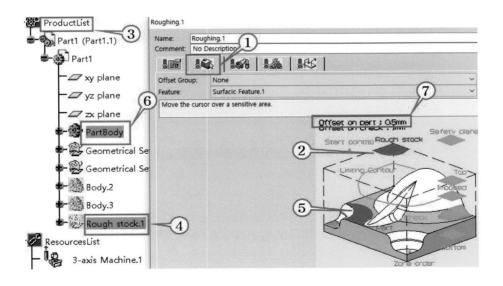

- 다이얼로그 박스의 세 번째, 공구 탭(①)에서 ②와 같이 10F (∅10 평엔드밀)로 입력하고 엔터 키를 누른 후 ④번을 체크 해제하고 ⑤를 10으로 입력한다.

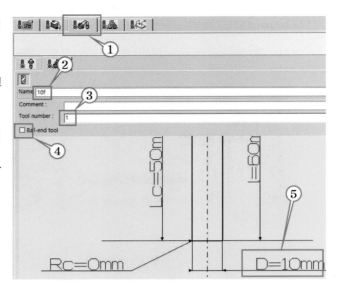

- 절삭 조건을 입력하기 위하여 아래 그림과 같이 다이얼로그 박스의 네 번째, 절삭 조건 탭(①)에서 Spindle output 만을 체크하며, 회전수를 절삭속도 단위(②)로 놓고 100m/min(③)을 주며, 이송속도는 회전당 이송량 단위(④)로 놓고 0.4mm/rev(⑤)를 준다.

- 이전에 입력한 공구직경(∅10 ‒평엔드밀)과 연동하여 자동으로 회전수, N과 이송속도, F를 구하기 위해 절삭속도 단위를 RPM(⑥)으로, 이송속도 단위를 분당이송속도 (mm/min)(⑧)로 다시 변경해주면 회전수 및 이송속도가 식 (1) 및 식 (2)에서 구한 값과 동일하게 계산되며(⑦, ⑨) 소수점을 절사하고 수정 입력한다.

- Approach Feed(⑩)는 Machining Feed(⑨)와 차이를 두기 위해 100 정도 작게 하고 Retract Feed(⑪)은 생산성 확보를 위해 5000 이상으로 한다.

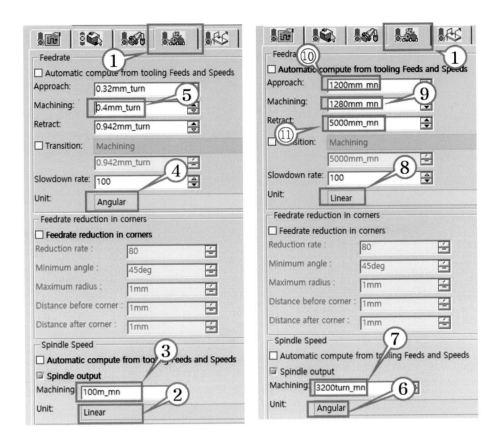

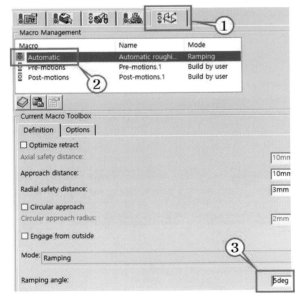

- 다이얼로그 박스의 다섯 번째 매크로(진입, 진출) 탭(①)에서 Automatic(②)을 클릭하고, ③과 같이 진입 경사각을 5도 이내로 제한한다. (경강의 경우는 3도 이내로 함)

- 다이얼로그 박스의 다섯 번째 매크로(진입, 진출) 탭(①)에서 Approach와 Retract(②)를 우클릭하여 Activate 시키고, ③과 같이 Add axial motion 버튼을 2회 클릭한 후 ④를 클릭하여 90으로 한다. Retract(⑥)는 ⑦과 같이 Add axial motion 버튼을 1회 클릭한 후 ⑧과 같이 100mm로 해준다. ⑤는 저속 중절삭의 경우 90mm 내려오는 구간의 이송속도가 너무 느리므로 Retract(G00)으로 할 때만 필요하다. (우클릭 사용)

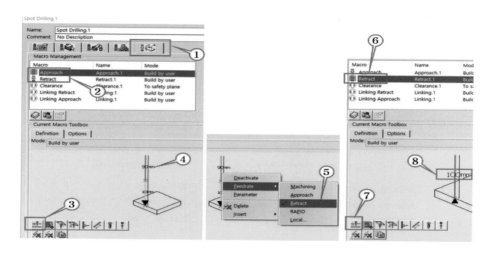

- 다이얼로그 박스의 첫 번째, 가공전략(Machining strategy) 탭(①)에서 Machining 탭 (②)의 ③을 체크하고 Radial 탭(④)의 Stepover length(⑤)를 5mm로 입력하거나 디폴트값 그대로 Overlap ratio 50%로 둔다. Axial 탭(⑥)의 Maximum cut depth(⑦)를 1mm(∅10의 0.1D)로 하고, Bottom 탭(⑧)의 ⑨를 체크한다.

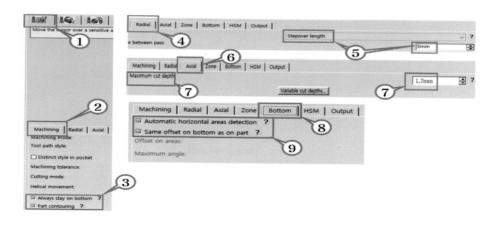

- Tool Path Replay에서 공구경로를 확인한 뒤에 비디오 가공(①)을 실행하고, 비디오결과 저장(②)을 클릭하여 현재의 모의 가공 결과를 저장한다. (이후 모든 공정 동일)

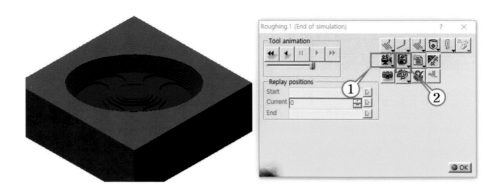

(3) Reworking Area Roughing (황잔삭)

- 트리의 Roughing.1(①)을 ctl+c 하여 ctl+v 한다. Roughing.2(②)를 더블 클릭하여 모델링 선택 탭(③)에서 Rough stock 아이콘(④)을 우클릭, Remove하고 ⑤와 같이 가공 잔량을 0.2로 한다.

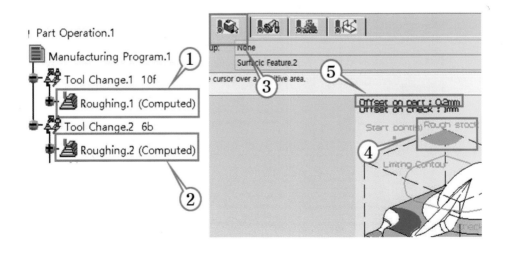

- 복사 붙여넣기 하였으므로 모든 조건은 동일하고 공구(6B) 탭(①)과 가공 전략 탭(②)의 일부 조건을 아래와 같이 변경한다.

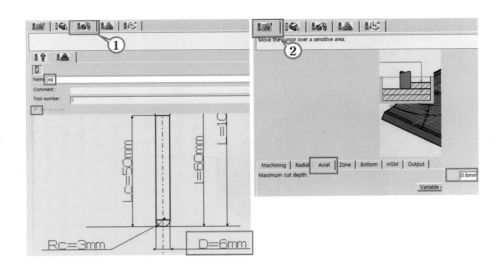

- 단 절삭 조건은 공구 직경이 변하였으므로 이전 설명에 기초하여 재계산한다. 재계산 결과 회전당 이송량 $0.4mm/rev$(①)일 때 이송속도는 $2120mm/min$(②)이나 황잔삭은 불규칙적으로 남은 황삭 결과물을 제거하는 가공이므로 가공 부하량이 일정하지 않기 때문에 절반 정도로 낮추어서 $1000mm/min$(③)으로 한다.

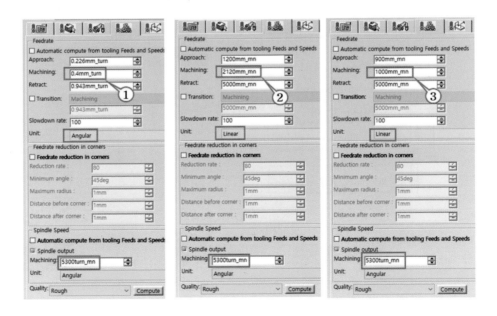

- Tool Path Replay에서 공구경로를 확인한 후에는 비디오 가공을 실행하고, 비디오 결과 저장을 클릭하여 현재 모의 가공 결과를 저장한다.

(4) Finishing (정삭)

- 트리의 Roughing.2(①)를 클릭하고 수직 영역을 위주로 정삭 하는 명령인 ZLevel(②) 아이콘을 클릭한다.

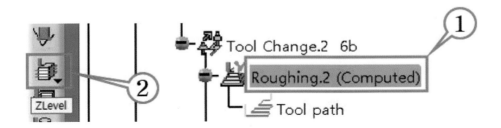

- ZLevel 명령 다이얼로그 박스의 두 번째, 모델링 선택 탭(①)에서 Part(②)를 선택하고 트리의 PartBody나 작업창의 모델링을 선택하고 Part autoLimit(③)을 체크하며 잔량은 0(④)으로 한다.

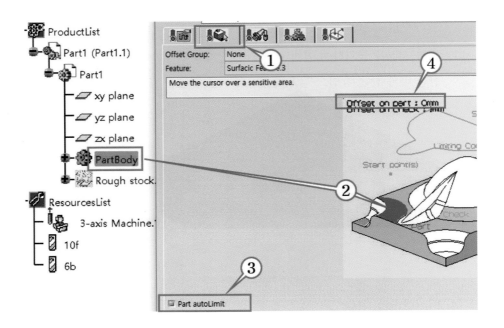

- 다이얼로그 박스의 세 번째, 공구 탭(①)에서 ②와 같이 6b(φ6 볼엔드밀)로 입력하고 엔터 키를 누른 후 ④번을 체크하고 ⑤번을 6으로 입력한다. 황잔삭에서 이미 6b 공구를 만들었으므로 여기서는 6b(②)라고 입력하면 자동으로 기 생성된 6b(φ6 볼엔 드밀) 공구가 호출된다.

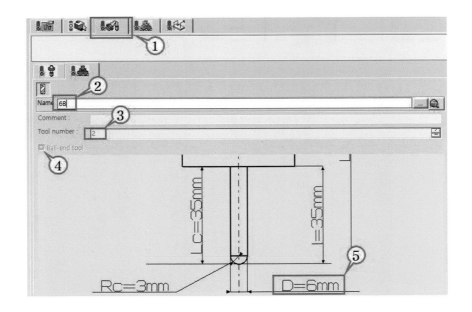

- 다이얼로그 박스의 네 번째, 절삭 조건 탭(①)에서 ②만 체크하고, 앞서 계산한 바와 같은 방법으로 ③, ④의 절삭조건을 입력한다. 이전 황잔삭에서는 이송속도를 반으로 낮추어서 F1000으로 하였지만 정삭에서는 원래대로 정상적인 이송속도인 F2100을 준다.

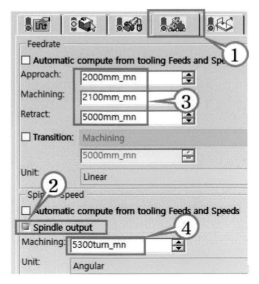

- 다이얼로그 박스의 다섯 번째, 매크로(진입, 진출) 탭(①)의 Approach와 Retract를 각각 선택하여 우측 그림과 같이 설정한다.

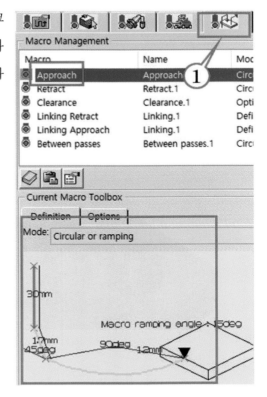

- 다이얼로그 박스의 첫 번째, 가공전략(Machining strategy) 탭(①)에서 아래와 같이 입력한다.

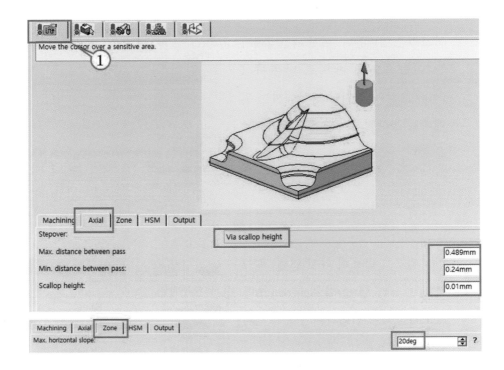

- Tool Path Replay에서 공구경로를 확인한 후에는 비디오 가공을 실행하고, 비디오 결과 저장을 클릭하여 현재 모의 가공 결과를 저장한다.

- ZLevel.1(①)을 클릭하고 수평 영역을 위주로 정삭 하는 명령인 Spiral Milling 아이콘(②)을 클릭한다. 다른 모든 조건은 ZLevel.1과 동일하고 가공전략 탭에서 ③ → ⑥의 순서로 자동으로 입력되어 있는지 확인 한다.

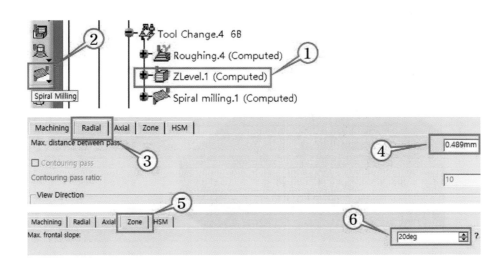

* 다만 Spiral Milling은 수평영역 위주로 가공하므로 가공할 필요가 없는 육면체 상면까지 가공하려 하므로 아래와 같이 Limiting Contour 아이콘(①)을 클릭하고 모델링의 육면체 상면과 접하는 boundary(②)를 클릭한다.

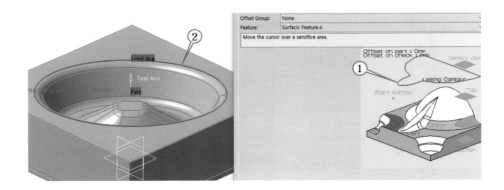

- Tool Path Replay에서 공구경로를 확인한 후에는 비디오 가공을 실행하고, 비디오 결과 저장을 클릭하여 현재 모의 가공 결과를 저장한다.

- Manufacturing Program.1(①)을 우클릭 하여 아래의 순서로 NC 데이터를 출력한다.

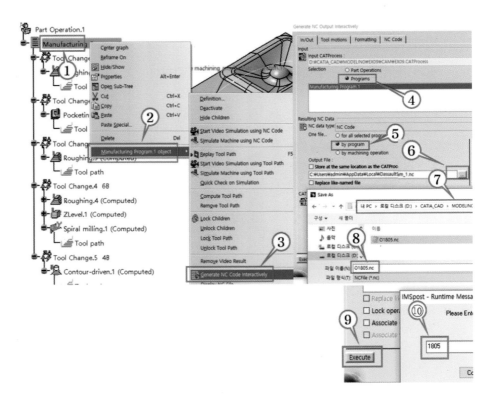

(5) 모의 가공

- V-CNC (MILL)에서 70×70×25로 소재를 생성한다.

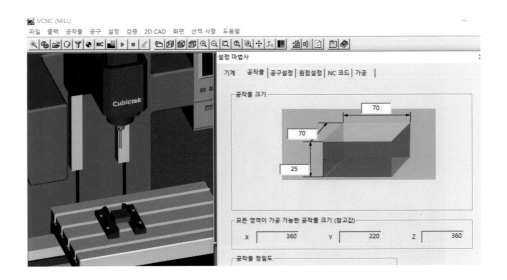

- 5번에 φ6 볼엔드밀을 추가하고 원점설정한다.

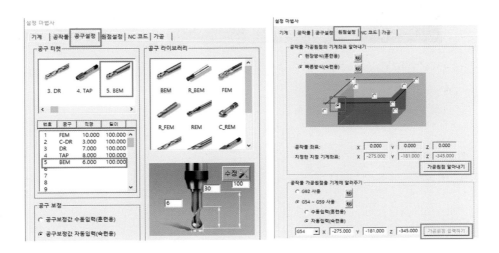

● 모의 가공을 완료하고 메인 메뉴 → 검증 → 공작물 검사를 수행한다. 정삭 모의 가
공은 시간이 많이 소요되므로 국가기술자격 실기 시험 중 종료 시간이 촉박하고,
CATIA CAM 프로그램에서 이미 모의 가공이 완벽하게 이루어졌다면, V-CNC를
이용한 정삭 모의 가공은 일부 형상 확인에서 종료할 수도 있을 것이다.

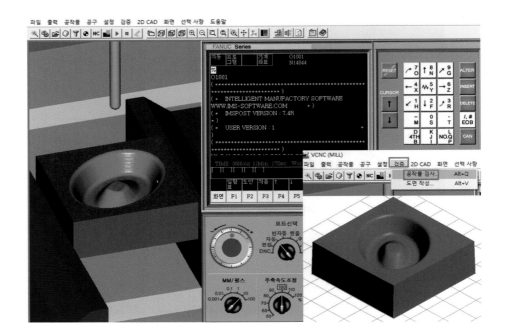

5) EX11-상하면 과제의 절삭 가공

(1) MCT조작 (FANUC 컨트롤러)

*빨간색으로 표시된 부분은 핵심 체크포인트

① P/G 입력	② 가공 원점 세팅	
- FANUC Oi ⇒ CNC FILE MANAGER 전원 ON ⇒ USB 메모리 삽입, 엔터 ⇒ 방향키로 입력할 P/G 위치로 커서 이동, ↵ (엔터) ⇒ EDIT 모드 선택 ⇒ (+) ▶(더보기) 누름 ⇒ (조작) 누름 ⇒ READ ⇒ 실행 - DOOSAN–FANUC i ⇒ USB 삽입 ⇒ EDIT 모드 ⇒ P/G 누름 ⇒ 일람 누름 ⇒ 조작 누름 ⇒ 장치 변경 누름 ⇒ USB MEM 누름 ⇒ 파일 입력 누름 ⇒ 방향키로 입력할 P/G로 커서 이동 ⇒ F GET 누름 ⇒ 파일명칭 누름 ⇒ F NAME 입력 확인 ⇒ 6677 입력 후 O 설정 ⇒ O NO. 입력 확인 ⇒ 실행 누름 ⇒ 장치 변경 누름 ⇒ CNC MEM ⇒ O6677 확인	- X, Y 원점 세팅 ⇒ MDI 모드, T5(아큐센터) M6, EOB, INSERT, CYCLE START (C/S) ⇒ S500 M3, ;(EOB), INSERT, C/S ⇒ HANDLE 모드 ⇒ 아큐센터 X 터치 (우측에서 보면서 아큐센터가 틀어지면 정지, Y 세팅은 정면에서 관찰) ⇒ POS 누름 ⇒ 상대 누름 ⇒ X 누름 ⇒ ORIGIN 누름 ⇒ 상대 좌표 X0 확인 ⇒ HANDLE 모드에서 안전 위치로 Z+이동 후 X5.로 이동 ⇒ X 누르고 ORIGIN 누름 ⇒ 상대 좌표 X0 확인 ⇒ Y도 동일하게 실행 ⇒ HANDLE로 상대 좌표 X0. Y0. 이동 ⇒ OFS/SET 누름 ⇒ 좌표계 누름 ⇒ X0 입력 > 측정 누름 ⇒ Y0 입력 > 측정 누름 ⇒ G54에 상대 좌표 X0, Y0에서의 기계 좌표가 입력된 것을 확인	- Z원점 세팅 ⇒ MDI 모드, T1(엔드밀) M6, EOB, INSERT, C/S ⇒ 핸들로 블록상면에 딱 맞게 Z 이동 ⇒ Z, ORIGIN ⇒ POS, 기계 좌표 Z값 확인 (Z-441.210) ⇒ OFS/SET 누름 ⇒ G54의 Z에 블록 높이 10m를 더하여 Z-451.210 입력 ⇒ Fanuc 0 는 공작물 좌표계 입력하면 상대 좌표 Z0가 자동으로 변하므로, 공작물 좌표계 입력 후 반드시 Z, ORIGIN 한 번 더 실행 **③ 공구 길이, 직경 보정** - 엔드밀 길이 직경 보정값 확인 ⇒ OFS/SET 누름 ⇒ 보정 누름 ⇒ T1 형상(H)값은 "0", 형상(D)값은 "5"인지 확인 - 센터드릴 길이 보정 ⇒ 안전거리로 이동 후 공구 교환 T2 M6 ; C/S ⇒ 블록 접촉, 방향키로 T2 형상(H) 위치로 커서 이동, Z, C 입력 - Z, C 입력 ⇒ 센터드릴과 동일

④ 세팅검증 (반드시 확인)		⑤ 자동운전
⇒ 안전 위치로 Z+이동 후 공구 교환, T1 M6; INSERT, C/S	⇒ 나머지 공구도 동일한 방법으로 T1, H1만 해당 공구로 바꾸어가면서 검증	⇒ 원점 복귀
⇒ S20 M3; C/S		⇒ EDIT 모드 선택
⇒ G54 G90 G01 X0 Y0 F2000; INSERT, C/S	※ 세팅 검증은 자동 운전 시 발생할 수 있는 공구 충돌을 사전에 방지하는 것으로서 반드시 수행해야 함	⇒ 프로그램 확인
⇒ G43 G01 Z150. H1; INSERT, C/S		⇒ MEM 모드 선택
⇒ Z50.; INSERT, C/S		⇒ SINGLE BLOCK 설정
⇒ Z10.; INSERT, C/S		⇒ C/S 누름
⇒ RESET 누름(스핀들 정지)		
⇒ 블록 삽입하여 확인		※ 자동 운전 중 공구가 움직일 때 FEED HOLD를 누르며 PRM, 공구, 보정번호 및 남은 거리 확인 모든 공구가 가공물에 도달하기 전에 한 번씩 FEED HOLD 후 확인하며 안전하게 가공

(2) MCT 조작 순서 (SENTROL 컨트롤러)   * 빨간색으로 표시된 부분은 핵심 체크포인트

① P/G 입력	② 가공 원점 세팅	
- USB 입출력 ⇒ CTR 우측 USB 삽입 ⇒ EDIT 모드 ⇒ 손가락(F8) ⇒ USB 입출력(F5) ⇒ 입력(F1) ⇒ 화살표를 눌러 입력할 P/G 　으로 이동 ⇒ 입력할 P/G이 맞는지 확인 　후, 선택/취소(F3) ⇒ 선택 결정(F1) ⇒ 실행(F1) ⇒ EDIT 모드에서 선택(F3) ⇒ 번호(F1) ⇒ 선택한 P/G 번호 입력 후↵ - 가공 경로 확인 ⇒ EDIT 모드에서 도안(F2) ⇒ 스케일링(F6) ⇒ 신속 확인(F7) ⇒ 가공 경로 확인 ⇒ 신속 확인 후, 확대 설정(F3) ⇒ 상자를 확대 설정할 가공 　경로로 이동 방향키(F5~F8) ⇒ 확대(F2) ⇒ 신속 확인(F7) ⇒ 경로 확인후 [1. 장비 켜기 　의 ② 원점 복귀] 반복 1회	⇒ T5 M6 ; 　S500 M3; 　↵ 후 C/S - X0 설정 ⇒ MPG 모드 ⇒ 우측에서 보면서 아큐센터 　가 틀어지면 정지 (Y세팅은 정 　면에서 관찰) ⇒ 위치 선택(F1) 좌표계 (상대 좌표) ⇒ 아큐센터가 틀어진 위치에 　서 X0(F4) ⇒ MPG 모드에서 Z를 안전 　위치로 Z+이동 ⇒ 상대 좌표의 X5.로 이동 ⇒ X5. 이동 확인후 X0(F4) ⇒ X0 확인 ⇒ Y 원점도 동일하게 실행 - Z0 설정 ⇒ 안전 위치 Z+로 이동 ⇒ 스핀들 STOP ⇒ MDI 모드에서 T1 M6 ; ↵ 　(∅10 평엔드밀 호출) ⇒ 소재 위에 10mm 블록 올 　리고 Z- 접근 ⇒ 블록이 정확하게 삽입되었 　는지 확인	⇒ 위치 확인 ⇒ Z 기계 좌표 취득 ⇒ 취득한 좌표 확인 ⇒ 좌표 입력↵ ⇒ 좌표 확인 ⇒ 입력한 좌표에서 블록 높 　이 값 −10 더함 　-381.990 + -10 = -391.990 ⇒ -391.990 입력 ↵ ⇒ 입력 확인(기계 좌표와 비교) **③ 공구 보정** - 기준 공구 보정 ⇒ 보정(F4) ⇒ H1 위치 확인 ⇒ 0 입력 ↵ ⇒ D1 위치로 방 　향키 이동 ⇒ 5. 입력 ↵ ⇒ 입력되었는지 확인 - 센터드릴 공구 보정 ⇒ MDI 모드 T2 M6 마침 ↵ , 　C/S ⇒ MPG 모드에서 기준 공구 　를 블록으로 세팅할 때와 　같은 방법으로 Z 세팅 ⇒ 보정(F5) ⇒ 화살표로 H2로 커서 이동 　후 상대(F1) ⇒ 설정 입력(F2) ⇒ 입력되었는지 확인(상대 좌표 　Z와 비교) ⇒ 기타 공구도 동일하게 실행

④ 세팅검증 (반드시 확인)		⑤ 자동운전
⇒ MDI에서 T1 M6; 　(∮10 평엔드밀 호출 확인) ⇒ G54 G90 G1 X0 Y0 F2000; 　C/S ⇒ G43 G1 Z150. H1; C/S ⇒ Z50.; C/S ⇒ 확인 ⇒ Z10. C/S 이동 시 FEED HOLD 　를 눌러 일시 정지 및 잔여 거 　리 확인 ⇒ 블록 삽입하여 확인 ⇒ 안전거리로 Z+ 올려줌	⇒ 나머지 공구도 동일한 방 　법으로 T1, H1만 해당 공 　구로 바꾸어가면서 검증 ※ 세팅 검증은 자동 운전 시 　발생할 수 있는 공구 충돌 　을 사전에 방지하는 것으 　로서 반드시 수행해야 함	⇒ 원점 복귀 실행 X, Y, Z 확 　인 후 EDIT 모드에서 사용 　할 P/G 확인. ⇒ AUTO 모드 누름 ⇒ SINGLE BLOCK 누름 ⇒ 장비 문 닫음 ⇒ C/S ※ 자동 운전 중 공구가 움직 　일 때 FEED HOLD를 누르 　며 PRM, 공구, 보정번호 및 　남은 거리 확인, 모든 공구 　가 가공물에 도달하기 전에 　한 번씩 FEED HOLD 후 확 　인하며 안전하게 가공

아래의 체크포인트를 반드시 지켜서 실수 없이 합격하고 실무에서도 오류를 방지한다.

1. 좌표 계산 및 소수점 입력 　자신의 암산 실력을 믿지 말고 계산기를 사용하여 주어진 도면에 정확한 좌푯값을 기록하고 코딩 시 좌푯값의 소수점을 확인한다.	

2. 공구 경보정 주의	1. 이동하는 경로상에서 경보정을 주어야 할 때는 반드시 진행 경로의 직각 방향으로 이동하면서 보정을 주고, 직각으로 이동할 수 없다면 예각을 피하고 둔각을 택한다. (G41, D01, G40 체크) 2. 특수한 경우가 아니라면 경보정을 주기 시작한 초기점으로 복귀하면서 경보정을 취소한다. 3. 공구 경보정은 반경 반향 보정이므로 반드시 Z 위치가 고정된 임의 X, Y 평면상에서 보정을 주고 그 평면에서 보정을 취소한다. 4. 윤곽 정삭가공 마지막에 원호나 면취 가공이 있는 경우 Y방향으로 10mm 이상 진행 후 X-10.으로 도피하고 G40 Y-10.으로 한다.

3. 촉각, 시각, 청각 활용(3각법) 　①~⑤ 까지 순서대로 하나씩 마우스로 클릭하고(촉각), 눈으로 보고(시각), 말로 하면서(T1 ①, H1②, 1000③, 1000④, 100⑤) 귀로 듣는(청각) 습관을 가진다면 실수 없이 가공할 수 있을 것이다. 즉 컨디션에 따라 오류를 범할 수 있는 사고 체계를 촉각, 시각, 청각 체크 시스템을 작동하여 교정한다. 포켓 가공과 같이 드릴 포인트로 진입하고 이어서 내면 윤곽 가공을 할 때는 피드값을 체크(⑥)한다.	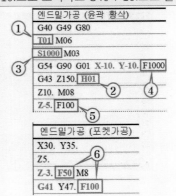

4. 모의 가공	V-CNC 등 검증 프로그램을 활용하여 좌푯값이 정확한지 검증한다.
5. 공작물 좌표계, 공구 길이 보정 세팅	먼저 컨트롤러의 경보정값(D01 ⇒ 4.98)부터 체크하고 공작물 좌표계 및 길이 보정을 세팅한다.
6. 세팅 검증	반자동으로 공작물 좌표계 및 공구 길이 보정 세팅 검증
7. 자동 운전	가공 시작점까지 이동하는 동안에는 Single block으로 놓고 이동 중에 FEED HOLD를 눌러서 잔여 이동거리 확인

(3) 상하면 절삭 가공

- CAM 프로그램에 의한 하면 가공 시간은 약 15분 소요되었으며 수동 프로그램에 의한 상면 가공 시간도 약 15분 소요되었다. 약 20분의 세팅 시간을 포함하더라도 국가기술자격 시험에서 요구하는 1시간 30분 이내에 충분히 가공할 수 있을 것이다. 다만 상면 가공 후 하면으로 뒤집을 때 도면을 보고 침착하게 방향을 맞추어 뒤집어야 할 것이다. (x축을 중심으로 회전)

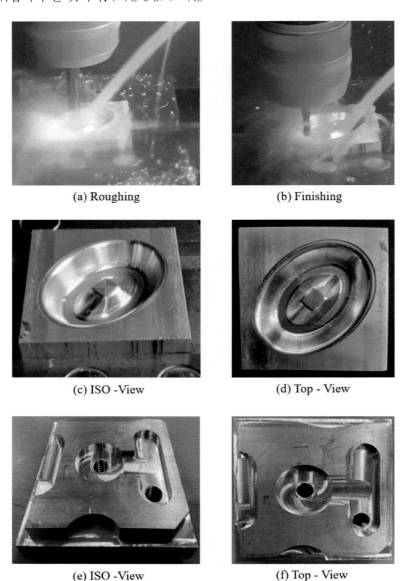

(a) Roughing

(b) Finishing

(c) ISO -View

(d) Top - View

(e) ISO -View

(f) Top - View

5.3 2020 기존 자격증 실기 CAM (EX05)

(컴퓨터응용가공 산업기사, 기계가공 기능장)

1) 예제도면	EX05	수동 프로그래밍	2시간 30분
		MCT 가공	

1. 요구사항

    가. 제출항목 ① : 도면의 정면도, 평면도, 우측면도, 입체도를 실척으로 출력(치수 제외)

    나. 제출항목 ② : CAM 작업 후 황삭, 정삭, 잔삭의 CAM 작업 형상(경로) 출력

    다. 제출항목 ③ : 황삭, 정삭, 잔삭의 NC CODE(전반부 30블럭) 출력

Isometric view (3:4)

도시되고 지시없는 모든 필렛 = R2

Section view A-A (1:1)

No. (공구 번호)	작업 내용	파일명 (비번호가 2번일 경우)	공구 조건		경로 간격 (mm)	절삭 조건			
			종류	직경		회전수 (rpm)	이송 (mm/min)	절입량 (mm)	잔량 (mm)
1	황삭	02황삭.nc	평 E/M	12	5	1400	100	6	0.5
2	정삭	02정삭.nc	볼 E/M	4	2	1800	90		
3	잔삭	02잔삭.nc	볼 E/M	2		3700	80		

2) EX05의 도면 출력 과제

- ①번 경로를 참조하여 EX05.CATPart(②) 파일을 OPEN 한다.

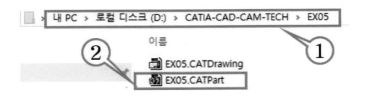

- Drafting 워크벤치는 메인 메뉴의 ① → ③의 순서로 들어갈 수도 있고 워크벤치 아이콘을 더블 클릭하여 ④ → ⑤의 순서로 들어갈 수도 있다. 그 후 ⑥ → ⑨의 순서로 드래프팅 환경을 설정한다. ⑨번과 같이 A3 JIS로 하여도 관계없으나 프린터 출력환경을 고려하여 A4 JIS를 권장한다.

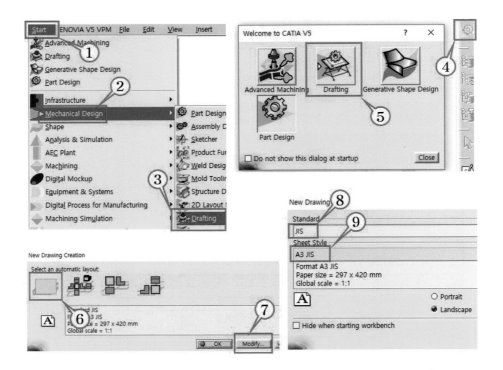

- Drafting 워크벤치의 Front View 아이콘(①)을 클릭하고 메인 메뉴 Window(②)의 EX05.CATPart(③)를 클릭한 뒤 모델링에서 육면체 상부(④)를 클릭한다.

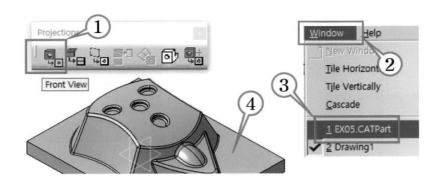

- Drafting 워크벤치의 Projection View 아이콘(①)을 클릭한 후 마우스를 아래 방향으로 움직여서 정면도(②)를 만들고 정면도의 프레임 점선(③)을 더블 클릭하여 빨간 점선이 되었을 때 Projection View 아이콘(①)을 다시 클릭한 후 마우스를 우측 방향으로 움직여서 우측면도(④)를 만든다.

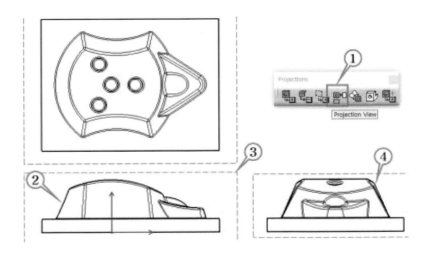

- Drafting 워크벤치의 Isometric View 아이콘(①)을 클릭한 후 메인 메뉴의 Window(②)를 클릭하여 EX01.CATPart 파일(③)을 선택하고 IsoView(④)를 클릭한 상태로 모델링 상면(⑤)를 클릭한다. 생성된 Isometric View의 프레임 점선(⑥)을 선택한 후 Alt+Enter하여 View generation mode를 Raster(⑦)로 하고 Option(⑧)을 클릭하여 ⑨와 같이 설정한다.

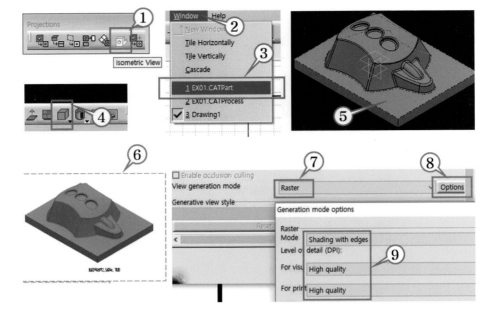

• CATIA 메인 메뉴 File의 Save As(①)를 클릭하여 ②의 경로 폴더에 ③과 같이 TOP. CATDrawing(평면도)으로 저장하고, 이어서 FRONT(정면도), RIGHT(우측면도), ISO(입체도)로 저장한 후 각각을 OPEN 하여 해당 VIEW를 제외한 나머지 VIEW는 삭제한다.

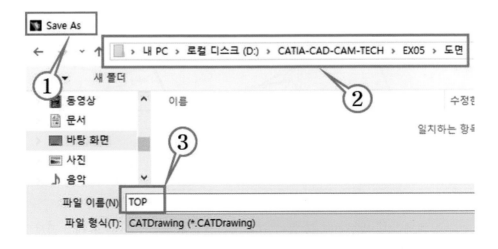

- 해당 VIEW만 남은 상태에서 Ctl+P 하여 ①과 같이 Hancom PDF를 선택하고 아래의 순서대로 출력하여 ⑨와 같이 각각의 VIEW에 대한 pdf 파일을 생성한다. 이렇게 생성한 pdf 파일들이 요구사항의 **〈제출항목 ①〉**이다. 도면의 pdf 파일 중 평면도는 반드시 프린팅하여 실척(③)으로 출력되었는지 확인한다.

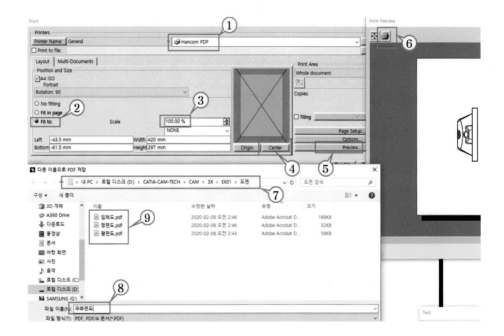

3) EX05의 CAM 과제

(1) CAM 작업 기본 환경 설정

- 메인 메뉴의 Tools → Options에서 Machining(①)을 선택한 뒤 General(②)에서 ③을 체크한다. Output(④)의 Post Processor는 IMS(⑥)를 체크하며 그 아래 Extension(확장자)은 nc(⑦)로 설정한다.

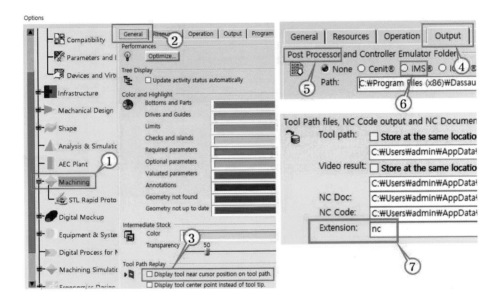

- EX05.CATPart 모델링 파일을 열고 아래의 순서로 Advanced Machining 워크벤치로 들어간다. Advanced Machining 워크벤치로 들어가면 모델링 파일을 연 폴더에 그대로 파일 이름을 EX05로 입력하여 EX05.CATProcess 파일을 생성한 후 작업 중간 중간에 저장(Ctl+s)한다.
- Advanced Machining 워크벤치로 들어가면 공작물 좌표계를 명확히 하기 위해 저장하고 나서 곧바로 작업창 하단의 Isometric View(▣)를 클릭한다.

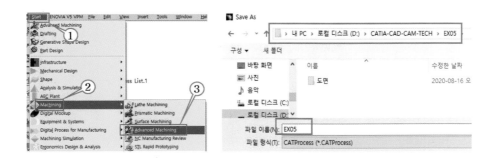

- 황삭 소재(Stock) 생성을 위해 ①과 같이 Create rough stock 아이콘을 클릭하고 ②
번의 모델링 파일을 클릭하며 1회 더 모델링 파일을 클릭한 뒤, ③번의 OK를 클릭
하면 P.P.R(Process, Product, Resource) 트리의 ProductList에 ④와 같이 Rough stock.1이
생성되고 ⑤와 같이 Stock이 생성된다.

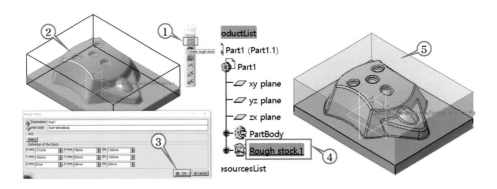

- P.P.R 트리(①)의 Part Operation.1(②)을 더블 클릭한 뒤 Machine 버튼(③)을 클릭하
고 Machine과 NC 관련 옵션을 ④ → ⑧ 의 순서로 설정한다.

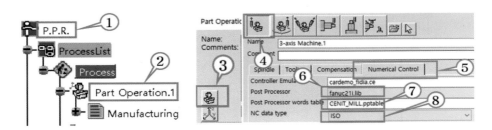

- Machine 설정이 완료되면 공작물 좌표계 세팅을 위해 아래와 같이 작업하거나 모델링 과정에서 이미 공작물 좌표계 원점과 모델링 원점을 동일하게 하였다면 생략한다. 모델링 원점이 가공 원점과 동일하지 않다면 ②를 클릭한 뒤 모델링에서 공작물 좌표계 원점을 선택(③)한다. 자격증 시험에서는 육면체 10mm 블럭 상면 좌측 하단(③)을 클릭한다.

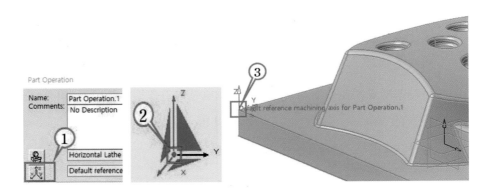

- 공작물 좌표계 세팅이 완료되면 모의 가공을 위한 Stock 아이콘(①)을 클릭한다. Stock을 트리에서 선택(②)하거나 작업창 모델링에서 선택(③)한다. 이때 아무런 반응(Event)이 일어나지 않으면 CATIA 작업창의 바탕화면을 더블 클릭한다. 이후부터 CAM 워크벤치의 모든 명령 수행 중 Event가 일어나지 않으면 항상 작업창의 빈 바탕화면을 더블 클릭한다.

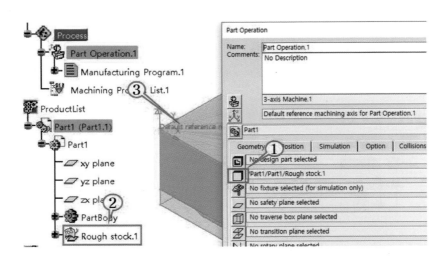

- Stock 세팅이 완료되면 수험자 요구사항에서 요구하는 안전평면(가공원점에서 50mm)을 세팅한다. Part Operation.1의 Safety plane(①) 아이콘을 클릭하고 트리의 Safety plane(②)를 선택하면 ③과 같이 안전평면이 선택된다. Safety plane은 Part Design 워크벤치에서 사전에 생성한다.

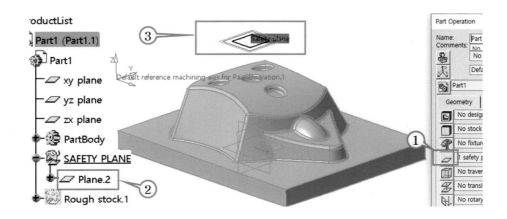

(2) Roughing

- Manufacturing Program.1(①)을 클릭한 후 Roughing 아이콘(②)을 클릭한다.

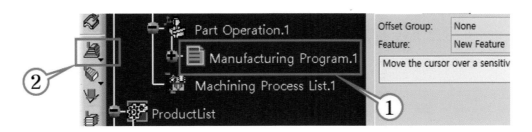

- Roughing.1 다이얼로그 박스의 두 번째 탭인, 모델링 선택 탭(①)에서 Stock Sensitive 아이콘(②)을 클릭한 후 트리 ProductList(③)의 Rough stock.1(④)를 선택하고 동일한 방법으로 Part Sensitive 아이콘(⑤)를 선택하여 PartBody(⑥)을 선택하며 마지막으로 정삭여유(잔량)량(⑦)을 0.5mm로 설정한다.

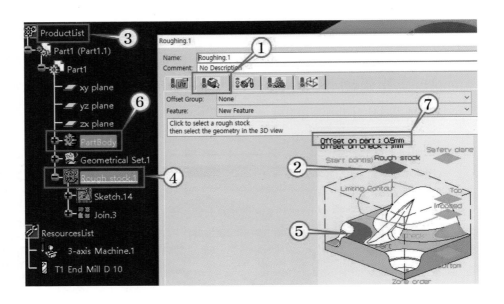

• 다이얼로그 박스의 세 번
째, 공구 탭(①)에서 ②와
같이 12f(∮ 12 평엔드밀)로 입
력하고 Enter를 누른 후
④번을 체크 해제하고 ⑤
를 0으로, ⑥을 12로 입력
한다.

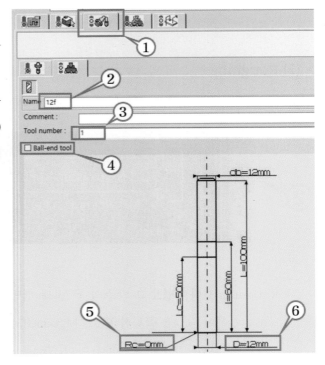

- 다이얼로그 박스의 네 번째, 절삭 조건 탭(①)에서 ②만 체크하고 주어진 절삭지시서를 참조하여 ③과 같이 진입, 가공 피드와 진출 피드를 주며, ④와 같이 회전수를 입력한다.

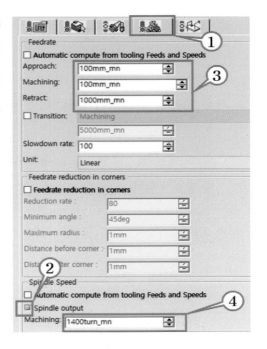

- 다이얼로그 박스의 다섯 번째, 매크로(진입, 진출) 탭(①)에서 Automatic(②)을 클릭하고, ③과 같이 진입 경사각을 5도 이내로 제한한다. (경강이나 SUS와 같이 경도나 강도가 큰 경우 3도 이내로 함)

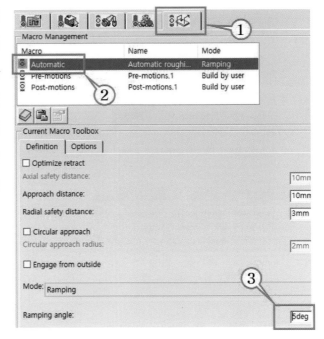

- 매크로(진입, 진출) 탭의 Pre-motions와 Post-motions(①)를 각각 선택하여 Add motion perpendicular to a plane 아이콘(②)을 클릭한다. 여기서 ③번의 평면은 이미 Part Operation.1의 Safety plane에서 설정하였으므로 다시 정의할 필요가 없다.

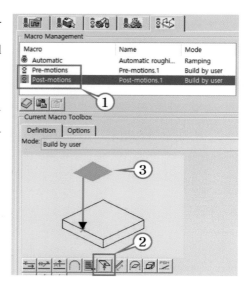

- 다이얼로그 박스의 첫 번째, 가공전략(Machining strategy) 탭(①)에서 Machining 탭(②)의 ③을 체크하고 Radial 탭(④)의 Stepover length(⑤)를 5mm로 입력하며, Axial 탭(⑥)의 Maximum cut depth(⑦)를 6mm로 하며 Bottom 탭(⑧)의 ⑨를 체크한다.

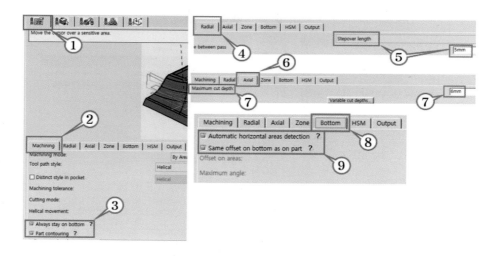

- Tool Path Replay를 실행하여 공구경로를 생성한 후 캡처도구(①) 등을 이용하여 ②와 같은 경로에 ③과 같이 02황삭경로.jpg 파일로 그림파일을 저장한다. (02는 실기 시험에서 배당받는 비번호로 가정함) ②의 경로는 예를 든 것으로 시험에서는 "02" 폴더를 생성하고 그 경로에 저장함.

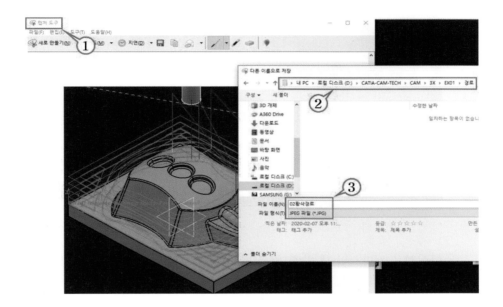

(3) Advanced Finishing

- Manufacturing Program.1의 Roughing.1(①)을 클릭한 후 Advanced Finishing 아이콘(②)을 클릭한다.

- 다이얼로그 박스의 두 번째, 모델링 선택 탭(①)에서 Part Sensitive 아이콘(②)을 클릭한 후 트리 ProductList의 PartBody(③)를 선택하고 Offset on part(④)를 0으로 하고 Part autoLimit(⑤)를 체크한다.

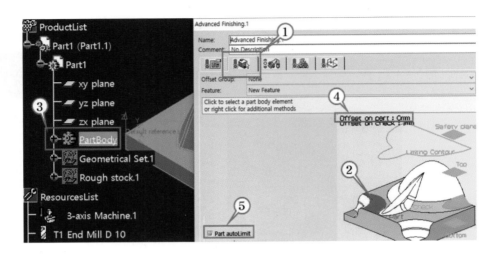

- 다이얼로그 박스의 세 번째, 공구 탭(①)에서 ②와 같이 4b(∮4 볼엔드밀)로 입력하고 Enter를 누른 후 ④번을 체크하고 ⑤번을 4로 입력한다.

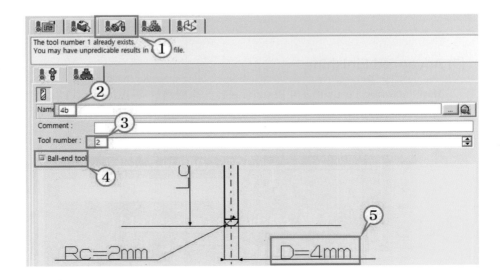

- 다이얼로그 박스의 네 번째, 절삭조건 탭(①)에서 ②만 체크하고, 주어진 절삭지시서를 참조하여 ③과 같이 진입, 가공, 진출 피드를 주며, ④와 같이 회전수를 입력한다.

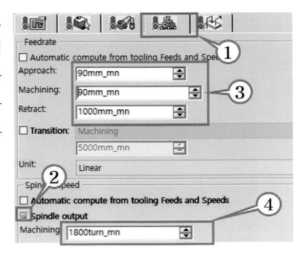

- 다이얼로그 박스의 다섯 번째, 매크로(진입, 진출) 탭(①)의 Approach와 Retract(②)를 각각 선택하여 Build by user(③) 모드로 하고 Remove all motions(④)를 클릭한 후 Add motion perpendicular to a plane 아이콘(⑤)을 클릭한다.

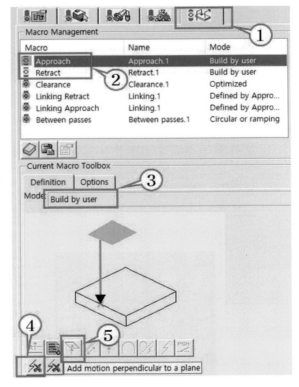

- 다이얼로그 박스의 첫 번째, 가공전략(Machining strategy) 탭(①)에서 Machining 탭 (②)의 Machining tolerance를 0.01mm(③)로 하고 Zone 탭(④)의 값을 ⑤와 같이 입력한다.

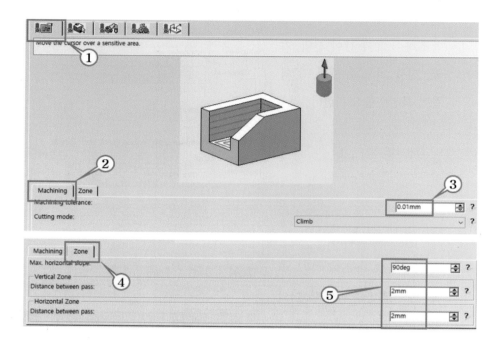

- Tool Path Replay를 실행하여 공구경로를 생성한 후 캡처도구(①) 등을 이용하여 ②와 같은 경로에 ③과 같이 02정삭경로.jpg 파일로 그림파일을 저장한다.

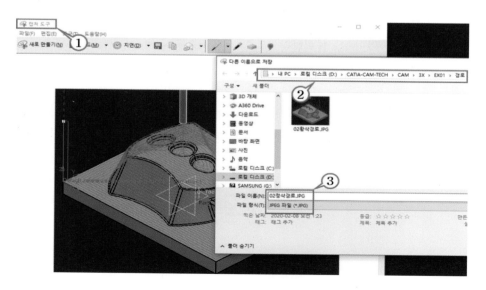

(4) Pencil Cutting

- Manufacturing Program.1의 Advanced Finishing.1(①)을 클릭한 후 Pencil 아이콘 (②)을 클릭한다.

- 다이얼로그 박스의 두 번째, 모델링 선택 탭(①)에서 Part Sensitive(②) 아이콘을 클릭한 후 트리 ProductList의 PartBody(③)를 선택하고 정삭여유량은 0으로 설정한다.

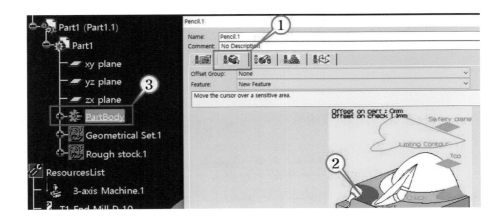

- 다이얼로그 박스의 세 번째, 공구 탭(①)에서 ②와 같이 2b(ø2 볼엔드밀)로 입력하고 Enter를 누른 후 ④번을 체크하고 ⑤번을 2로 입력한다.

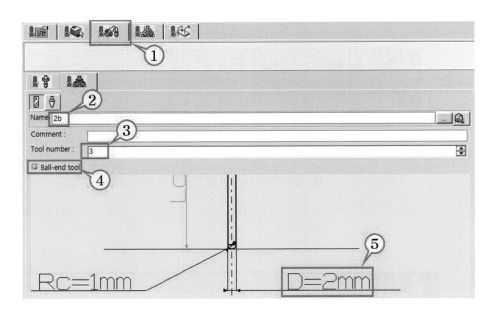

- 다이얼로그 박스의 네 번째, 절삭조건 탭(①)에서 ②만 체크하고, 주어진 절삭지시서를 참조하여 ③과 같이 진입, 가공, 진출 피드를 주며, ④와 같이 회전수를 입력한다.

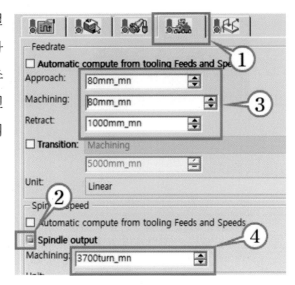

- 다이얼로그 박스의 다섯번째 매크로(진입, 진출) 탭(①)의 Approach와 Retract(②)를 각각 선택하여 Build by user(③) 모드로 하고 Remove all motions(④)를 클릭한 후 Add motion perpendicular to a plane 아이콘(⑤)을 클릭한다.

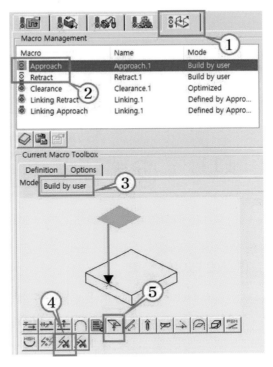

- Tool Path Replay를 실행하여 공구경로를 생성한 후 캡처도구(①) 등을 이용하여 ②와 같은 경로에 ③과 같이 02잔삭경로.jpg 로 그림파일을 저장한다.

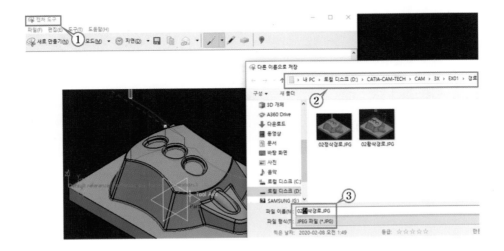

- 이상의 작업으로 저장한 CAM 작업 형상(공구경로 그림 파일)은 ①과 같은 경로 폴더에 ②와 같이 저장되어야 하며 이렇게 생성한 그림파일들이 요구사항의 **〈제출항목 ②〉**이다.

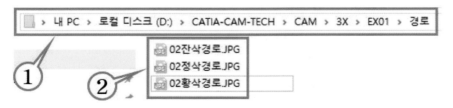

(5) NC 데이터 출력

- Manufacturing Program을 복사 붙여넣기 한 후에 각 Manufacturing Program에 ① 과 같이 황삭, 정삭, 잔삭 하나씩의 작업 명령만 남도록 하며 Manufacturing Program을 클릭하고 Alt+Enter(Properties)하여 ②와 같이 프로그램명으로 이름을 변 경한다.

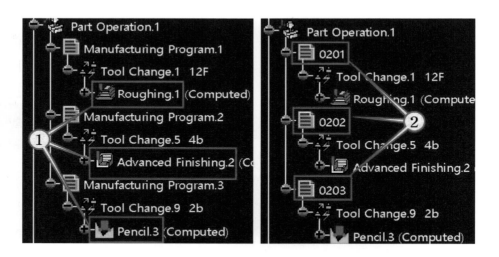

- 아래와 같은 순서로 Manufacturing Program 파일을 선택하여 ⑥번 경로의 폴더에 변경한 〈Program 파일명.nc〉 파일로 출력한다.

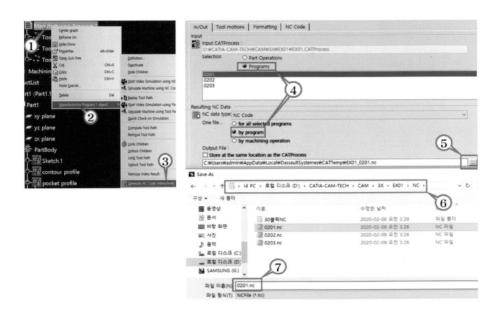

- 아래 ①의 경로 폴더에 ②와 같이 작업한 NC 파일들이 생성되면 복사하여 ③번 폴더에 붙여 넣고 ④와 같이 파일 이름을 변경한다. 이름을 변경한 파일을 하나씩 열어서 ⑤와 같이 30블럭까지 남기고 아래쪽은 삭제하며 ⑥과 같이 주요 체크 포인트를 점검한다. 이상의 작업으로 저장한 NC 파일들(④)이 요구사항의 〈**제출항목 ③**〉이다.

- 〈**제출항목 ①**〉, 〈**제출항목 ②**〉, 〈**제출항목 ③**〉의 파일을 하나의 폴더〈**02 프린팅**〉에 잘 정리하여 제출하고 본인이 직접 순서대로 프린팅한 후 출력물의 중앙하단에 페이지를 기재하고 우측 하단에 비번호와 출력내용을 기재한 후 제출한다.

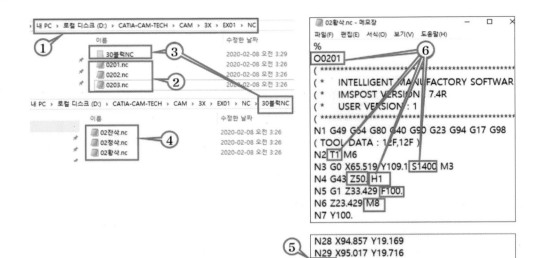

06

POWER APPLICATION

6.1 Power Modeling

6.1.1 EX18 (Supporter - Power Copy, Formula)

1) 예제도면	EX18 (Supporter)	사용 명령	2시간
		Power Copy, Formula	

1. 요구사항
   가. 지급된 도면을 참조하여 3D 모델링을 수행한다.

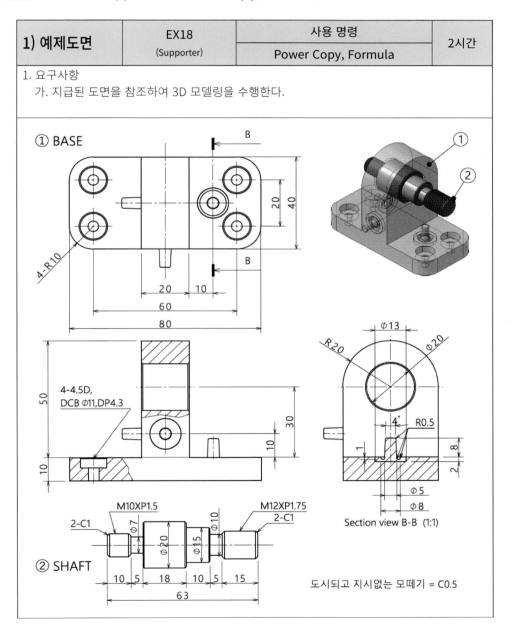

① BASE

4-R10

20
10
60
80

20
40

B
B

4-4.5D,
DCB Φ11, DP4.3

50
30
10
10

Φ13
R20
Φ20
R0.5
4°
1
8
2
Φ5
Φ8

Section view B-B (1:1)

M10XP1.5
M12XP1.75
2-C1
2-C1
Φ7
Φ20
Φ15
Φ10

② SHAFT

10 5 18 10 5 15
63

도시되고 지시없는 모떼기 = C0.5

2) BASE 모델링

• yz 평면에 아래 좌와 같이 스케치 → 3D로 나가서 p → 엔터 → 10 → 엔터 →
  Mirrored extent 체크하여 Pad를 생성한다.

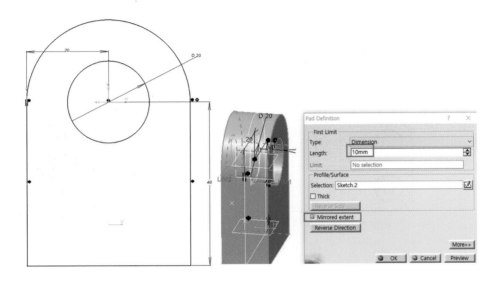

• Pad의 바닥면에 아래와 같이 스케치(①)하고 → 3D로 나가서 p → 엔터 → 10 → 엔
  터 → Pad(②)를 생성한다.

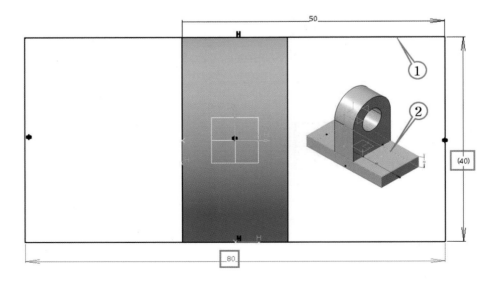

- 육면체 상면에 아래와 같이 Point 아이콘(•)을 사용하여 스케치한다.

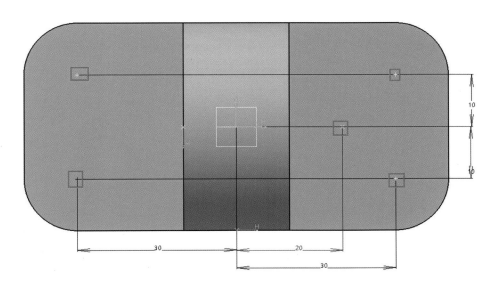

- 위 스케치의 가장자리 네 개의 점에 대하여 하나씩 클릭하고 → Hole 아이콘 클릭 → Extension → Up to last → 드릴 직경 4.5 → Type → Counterbored 선택 → 볼트머리 자리 직경 11 → 볼트머리 자리 깊이 4.4 → Counterboring 4개를 생성한다.

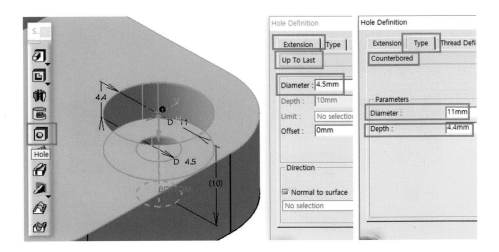

- 도면 치수를 참조하여 Guide Boss가 생성될 평면의 스케치에서 점 세 개를 생성한다. 편의상 번호 순서대로 ①번 Guide Boss, ②번 Guide Boss 등으로 호칭한다. ①번 Guide Boss만 생성하고 나머지는 Power Copy 명령으로 복사한다.

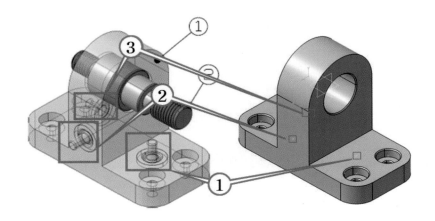

- Axis System 아이콘(①)을 클릭하고 ①번 Guide Boss 위치 점(②)을 클릭하여 좌표계를 생성한다. → Axis System 아이콘(①)을 클릭하고 ②번 Guide Boss 위치 점(③)을 클릭하여 좌표계를 생성한다. → 좌표계 방향 전환을 위해 Z axis (④) 우클릭 → Coordinates(⑤) → ⑥과 같이 입력한다. → X axis에 대해서도 동일한 방법으로 ⑦과 같이 입력한다. → ③번 Guide Boss 위치 점에도 동일한 방법으로 평면에 Z axis가 수직한 좌표계를 생성한다.

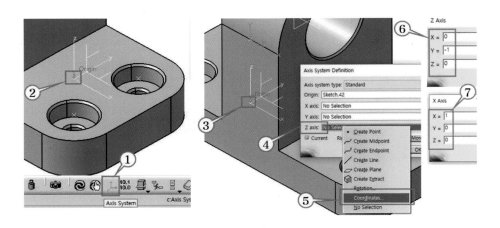

- Axis System.1 아이콘(①)을 우클릭 → Isolate(②) 하고 → 메인 메뉴 → Insert → Body 하여 Body.2를 생성한 뒤 → Axis System.1의 xy 평면(③)을 스케치 면으로 하여 D13 원(④)을 생성한다. → 3D로 나가서 p → 엔터 → 2 → 엔터 → 화살표 방향 아래로 → Pad를 생성한다.
- 메인메뉴 → Insert → Body 하여 Body.3를 생성한 뒤 → Axis System.1의 xy 평면 (③)을 스케치 면으로 하여 D13 원(⑤)을 Project(⑥)하여 스케치 면에 투영한다. → 3D로 나가서 p → 엔터 → 2 → 엔터 → 화살표 방향 아래로 → Pad를 생성한다.

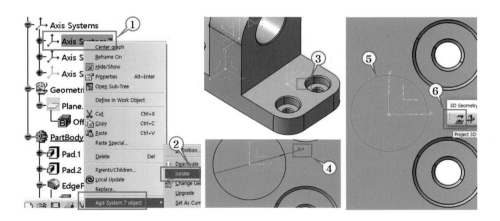

- Axis System.1의 xy 평면을 스케치 면으로 하여 D5 원을 생성한다. → 3D로 나가서 → p → 엔터 → 8 → 엔터 → Pad를 생성한다. → d → 엔터 → 중립면(①)을 Axis System.1의 xy 평면(②)으로 선택하고 2도를 주어 Draft Angle을 생성한다.

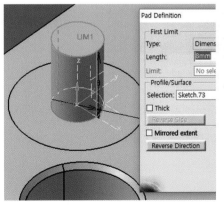

- Axis System.1의 xy 평면을 스케치 면으로 하여 아래와 같이 D5 원을 Project 하고 → space bar 클릭 → offset 원을 생성하고 옵셋 값 1.5를 준다. → 3D로 나가서 → po → 엔터 → 1 → 엔터 하여 Pocket 한다.

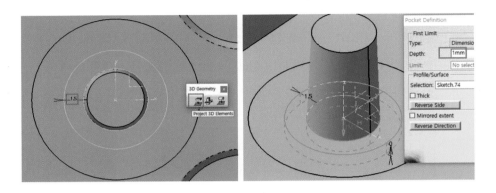

- Part Body와 Body.2를 hide 하고 → ①과 같이 0.5 필렛을 준다. Part Body를 우클릭 → Define 하고 → Body.2를 우클릭 Remove(③) 한다. → Part Body를 우클릭 → Define 하고 → Body.3를 우클릭 Add(⑤) 한다.

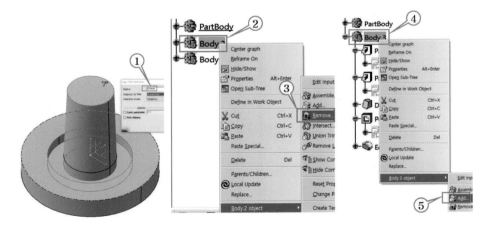

- 메인 메뉴 Insert(①) → Knowledge Templates(②)의 Power Copy(③)를 선택한다. → 트리의 Remove와 Add(④)를 선택하면 Power Copy 다이얼로그 박스의 좌측창 에 향후 Copy될 Element가 표시되고 우측창에 Copy를 위해 입력해야 할 Element 가 표시된다.

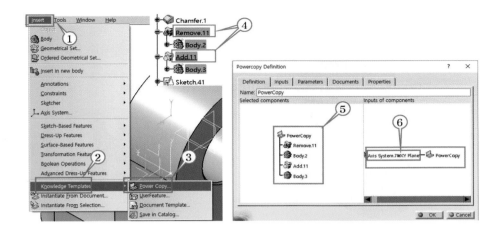

- 트리의 PowerCopy.1(①)을 클릭하고 메인 메뉴 Insert(②)의 Instantiate From Selection(③)를 선택한다. → Axis System.2의 xy 평면(④)을 선택하여 → ②번 Guide Boss를 생성한다.

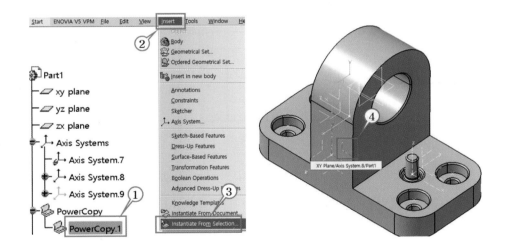

- 동일한 방법으로 Axis System.3의 xy 평면(①)을 선택하여 ③번 Guide Boss를 생성한다.

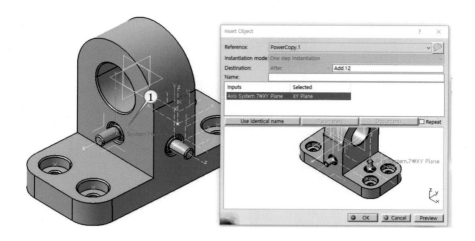

3) SHAFT 모델링

- zx 평면 스케치에 아래와 같이 Shaft의 반 단면을 스케치한다. → 3D 창으로 나가서 → s → 엔터 → 회전 중심축은 아래쪽 직선을 클릭한다.

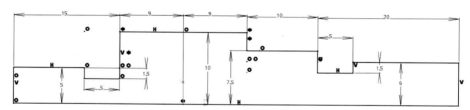

- 작업창 좌측 하단의 Formula(①) 클릭 → Length(②)로 하고 → New Parameter of type(③) 클릭 → ④에 나사 호칭경 입력 → ⑤에 10을 입력한다. → 동일한 방법으로 피치(⑥)라고 입력 → ⑦에 1.5를 입력한다.

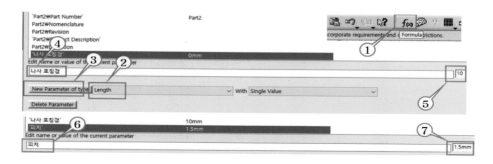

- 메인 메뉴 → Tools → Options → General(①) 클릭 → ② → ④의 순서로 With value와 With formula(④) 체크하고 → Infrastructure(⑤)에서 ⑧과 같이 Parameters 를 Display 하면 작업창 트리에 Parameter가 표시된다.

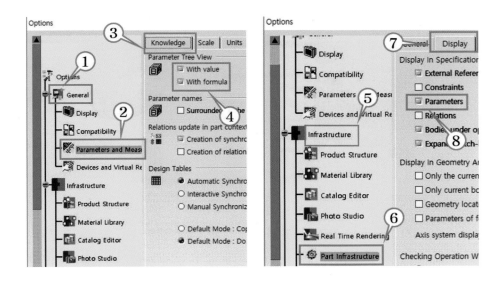

- Part Design 3D 창에서 Point(①) 클릭 → Circle center type(②) → 좌측 필렛 모서리 (③)를 클릭한다.

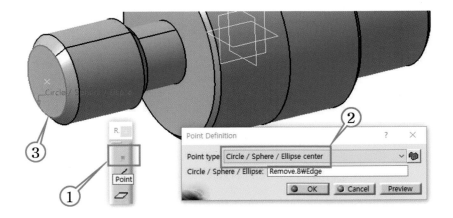

- Axis System(①) 클릭 → 생성한 점(②)을 클릭한다. → Line(③) 클릭 → Axis System.1의 yz 평면(④)을 클릭한다.

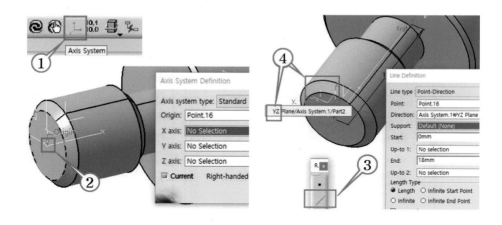

- 3D에서 Point(①) 클릭 → 위에서 생성한 점(②) 클릭 → z 값(③) 우클릭 → Edit formula(④) → 트리의 나사 호칭경(⑤)과 피치(⑥)를 클릭하여 ⑦과 같이 입력하면 ⑧과 같이 골지름 반경에 해당하는 값이 자동으로 계산된다.

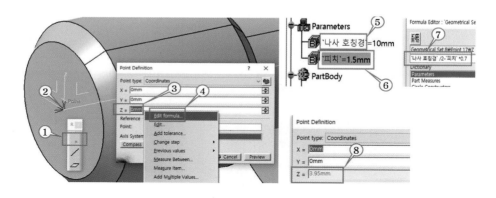

- GSD에서 Helix(①) 클릭 → Starting Point는 골지름 반경으로 생성한 점(②) 클릭 → Axis는 직선(③) 클릭 → Pitch의 우측 텍스트 박스 우클릭 Edit Formula → 트리에서 '피치' 클릭 → Height 값은 10(⑤)을 준다.

- GSD에서 Plane(⑥) 클릭 → Helix(⑦)를 선택하고 → 나사골 반경으로 생성한 점(⑧) 클릭 → Plane type은 자동으로 Normal to curve가 된다.

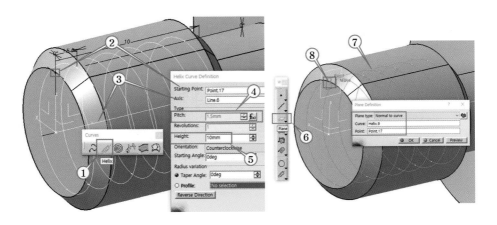

- 생성한 평면을 클릭하고→ ctl+1 → Origin(원점)은 Projection point(①) type으로 놓고 → 나사골 반경으로 생성한 점(②) 클릭 → Orientation(방향)은 Parallel to line(③) type으로 놓고 → 직선(④) 클릭 → 스케치 창으로 들어가서 ⑤와 같이 삼각나사산을 스케치한다.

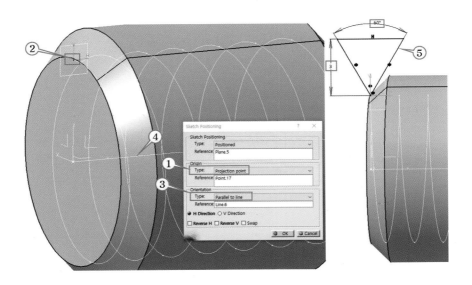

- r → 엔터 하여 Rib 명령을 수행한다. → Profile(①)은 삼각 나사산 스케치를 선택하고 → Center curve(②)는 Helix를 선택 → Pulling direction(③)으로 놓고 → 직선(④) 클릭하여 Rib를 완성한다. → 트리에서 PartBody(⑤)를 우클릭 → Define 하고 Body.2(⑥)를 우클릭 Remove(⑦) 한다.

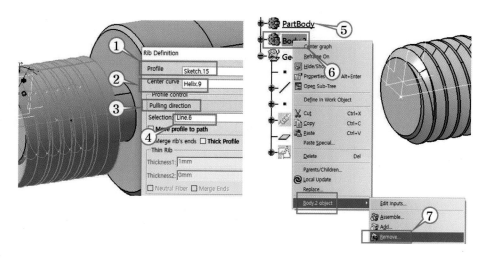

- 메인 메뉴의 Insert(①)에서 Power Copy(③)를 실행한다. → 트리에서 ④와 같이 선택하면 Power Copy 좌측 윈도우에 ⑤와 같이 선택된 요소가 표시되고 우측에는 입력해야 할 요소가 표시된다. ⑥과 같이 Chamfer Edge만 선택하면 자동으로 Power Copy가 실행될 수 있다.

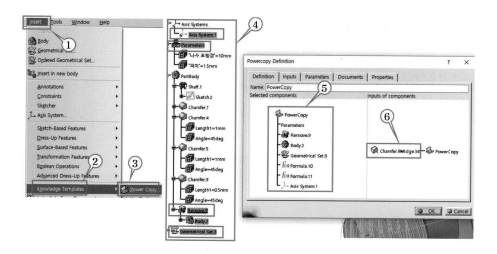

- Power Copy 다이얼로그 박스의 Parameter(①)에서 나사호칭경, 피치, Helix Height 를 각각 클릭하고 Published(⑤)에 체크한다.
- 메인 메뉴 Insert(⑥)의 Instantiate From Selection(⑦)을 클릭하고 트리의 Power Copy를 선택한다.

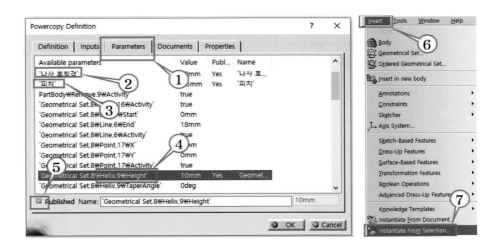

- 모델링 우측 나사부 Chamfer 모서리(①)를 클릭하고 Parameter(②)를 M12 나사에 맞게 수정한다.

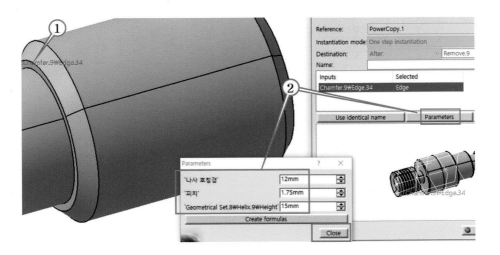

● 나사의 Power Copy는 다른 모델링 파일에서도 호출하여 사용할 수 있으므로 아래와 같이 다른 이름으로 저장한다.

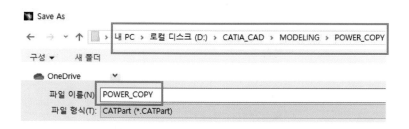

● ① → ③의 순서로 Assembly Design 워크벤치로 들어가고 트리의 Product.1(④)을 클릭한 뒤 ⑤ → ⑧의 순서로 선택하면 ⑨와 같이 Assembly가 생성된다.

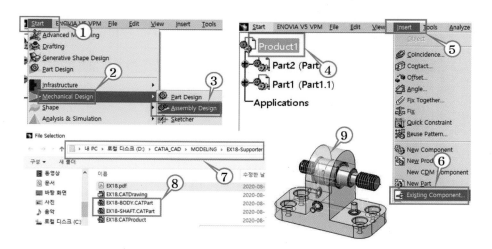

6.1.2 EX19 (Hook - Power Copy)

1) 예제도면	EX19 (Hook)	사용 명령	2시간
		Power Copy, Formula	

1. 요구사항
   가. 지급된 도면을 참조하여 3D 모델링을 수행한다.

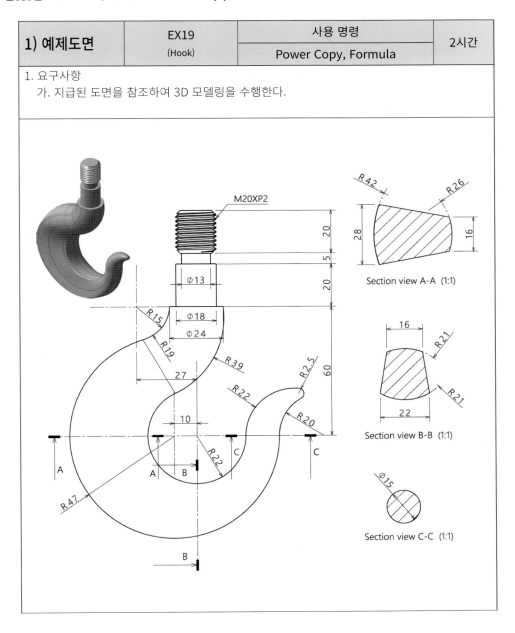

Section view A-A (1:1)

Section view B-B (1:1)

Section view C-C (1:1)

2) Hook 모델링

- zx 평면에 아래와 같이 Multi-Section Solid의 Guide Curve로 사용할 스케치를 그린다.

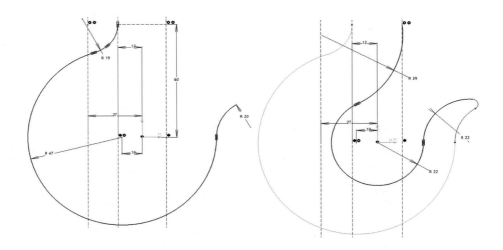

- xy 평면에 각각 SECTION A-A와 SECTION C-C를 스케치하여 Multi-Section Solid의 Profile로 사용한다. Multi-Section Solid의 Profile과 Guide Curve는 정확하게 교차해야 하므로 SECTION C-C의 ②, ④와 같은 Guide Curve를 해당 스케치면에 Intersect(①)하여 추출한 점(③, ⑤)을 이용하여 Profile 스케치를 구속되도록 한다.

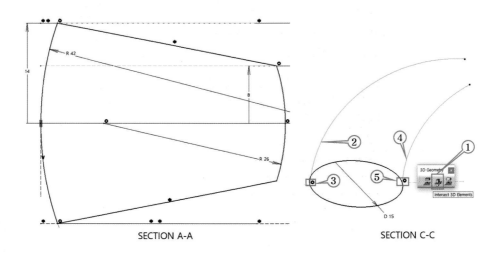

SECTION A-A   SECTION C-C

- SECTION B–B는 yz 평면에서 아래와 같이 스케치한다. → ①과 같이 Guide Curve 상의 절점을 연결하는 직선과 Y Axis(②)를 두 개의 Line으로 선택하여 ③과 같이 평면을 만들고 스케치로 들어가서 Guide 곡선을 Intersect한 점들과 구속되도록 원을 만든다. → ④번도 동일한 방법으로 원을 스케치한다.

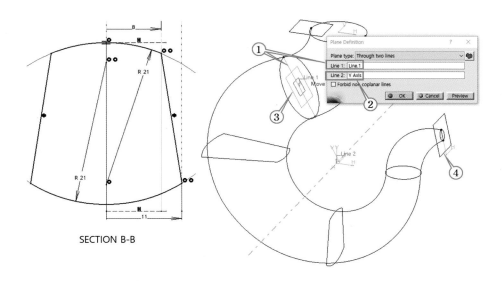

- Multi–Section Solid의 Closing Point를 잡을 수 없는 SECTION들은 GSD의 Intersection을 이용하여 아래의 ①, ②, ③과 같이 교차점들을 추출한다.

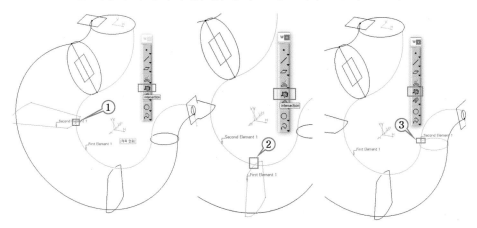

- Multi-Section Solid의 Closing Point를 아래 그림과 같이 동일한 우측 Guide Curve 선상에, 같은 화살표 방향으로 설정하여 완성한다.

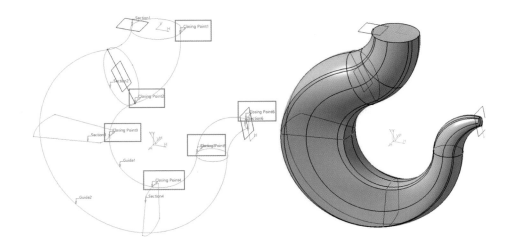

- 후크의 끝 부분 R2.5인 구는 GSD의 Sphere(①) 명령을 이용하여 구의 중심점(②)을 클릭하여 생성한다. 구의 중심점은 스케치면에서 R2.5가 Tangency하게 구속될 때 만들어지는 점이다. 구를 곡면으로 생성한 뒤 → Part Design에서 Close Surface(③) 명령을 이용하여 솔리드로 만든다. → 도면을 참조하여 ⑤와 같이 스케치하여 Shaft 한다.

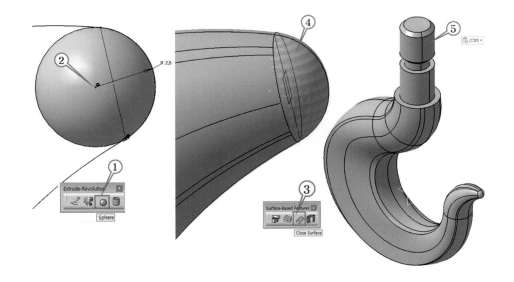

- POWER COPY의 나사 생성 파일은 x축 방향으로 Shaft의 중심축이 설정되어 있다. 따라서 Rotation(①) 명령을 이용하여 Y축 중심으로 90도 (②) 회전한다.

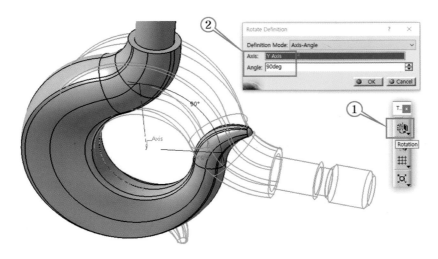

3) POWER COPY를 이용한 나사 모델링

- 메인 메뉴의 Insert(①) → ②를 클릭 → 저장한 POWER COPY 폴더(③)에서 THREAD.CATPart(④)를 클릭한다. → Fillet Edge(⑤)를 클릭하고 → Parameter(⑥)를 클릭하여 ⑦과 같이 호칭경 18, 피치 2, Helix 곡선의 길이 20으로 수정 입력한다.

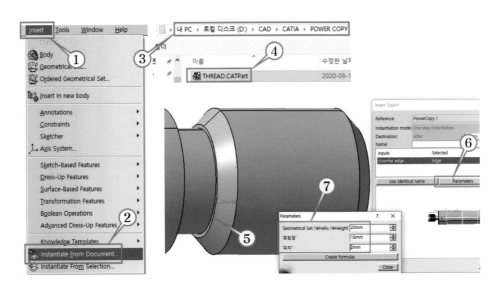

- POWER COPY 명령으로 나사를 생성한 뒤 명령 수행 이전 단계로 다시 회전하여 모델링을 완성한다.

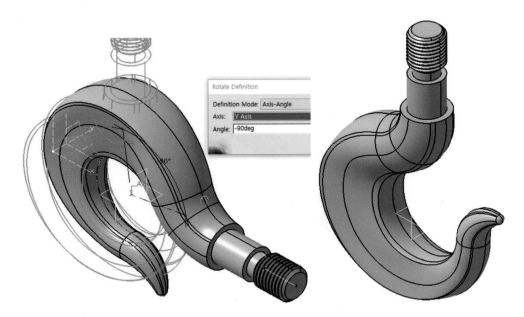

6.1.3 EX20 (Bending Pipe - Rib, Projection, Corner)

1) 예제도면	EX20 (Bending Pipe)	사용 명령	2시간
		Rib, Projection, Corner	

1. 요구사항
  가. 지급된 도면을 참조하여 3D 모델링을 수행한다.

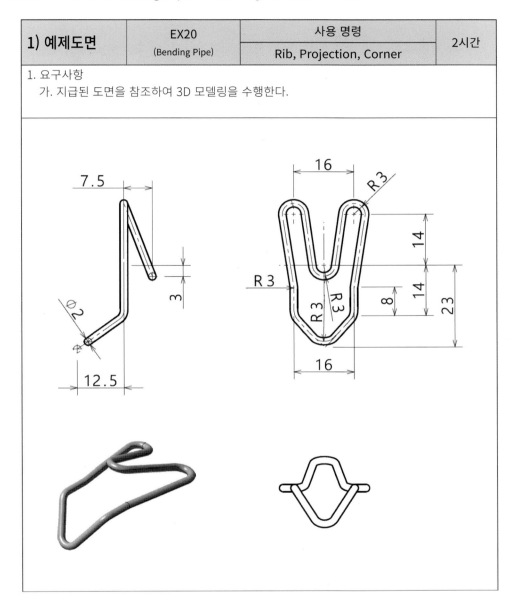

2) Bending Pipe 모델링

- xy 평면에 아래와 같이 스케치하고 3D로 나가 yz 평면에 대해 Symmetry 한다.

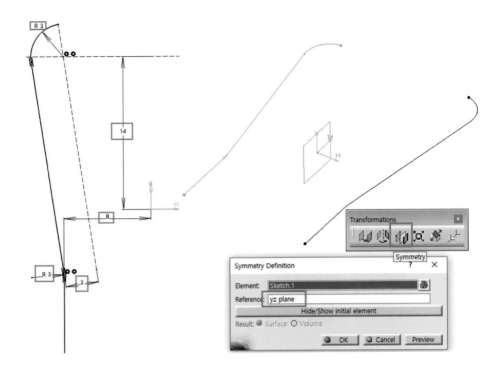

- 3D(GSD)에서 Point 명령을 이용하여 ①과 같이 입력하고 ②와 같이 세개의 점을 이용하여 Through three points 타입으로 Plane을 생성한다.

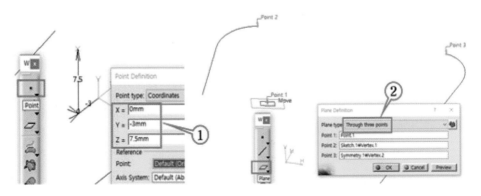

- xy 평면에 아래와 같이 스케치하고 3D로 나가 Through three points 타입으로 생성하였던 평면에 Projection(①) 한다.

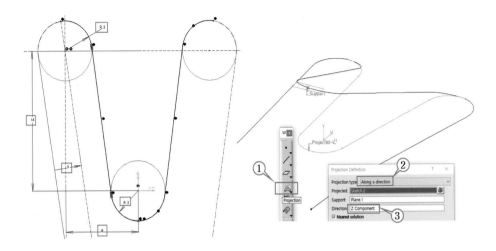

- 3D(GSD)에서 Point 명령을 이용하여 ①과 같이 입력하고 ②와 같이 생성한 뒤 → ③, ④와 같이 Line을 생성한다. → Plane 명령에서 Through two lines(⑤) 타입으로 ⑥과 ⑦ 직선을 선택하여 ⑧과 같이 Plane을 생성한다.

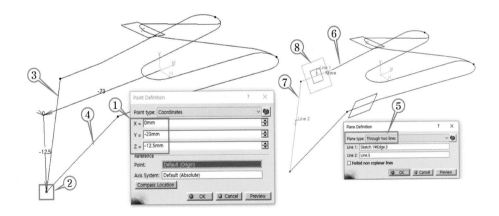

- 3D(GSD)에서 Corner 명령(①)을 이용하여 ② ~ ④와 같이 하고 → Support로 사용할 Plane(⑤)을 선택하여 ⑥과 같이 3D 작업창에서 Fillet을 수행한다. → 동일한 방법으로 ⑦, ⑧의 3D Fillet을 수행한다.

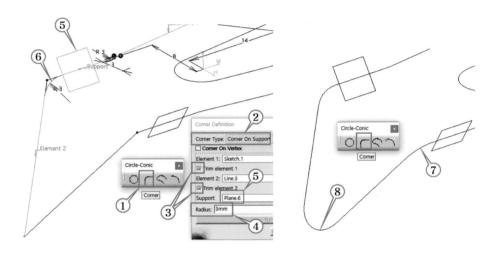

- 3D(GSD)에서 Join과 Curve Smooth 명령을 실행한다.

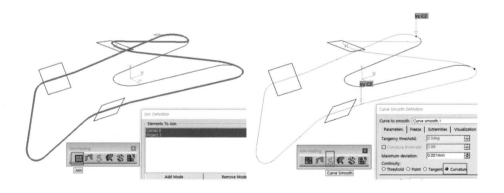

- yz 평면에서 아래와 같이 스케치하고 스케치를 Profile로, Curve Smooth를 Center Curve로 한다. → 3D(Part Design)에서 r → 엔터 하여 rib를 생성한다.

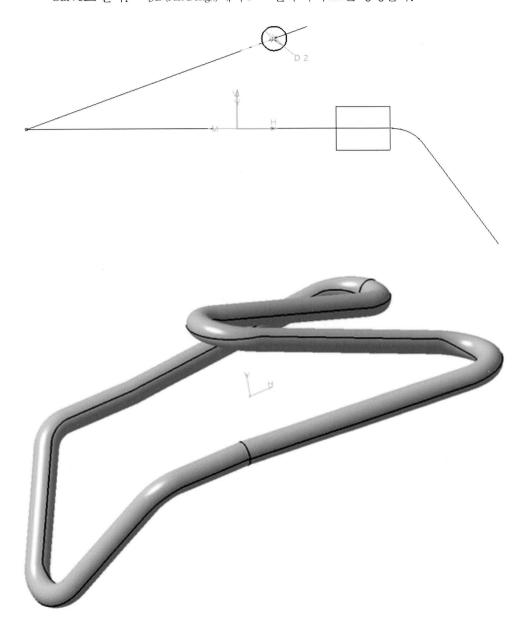

6.1.4 EX21 (Air Hose - Rib, Projection)

1) 예제도면	EX21 (Air Hose)	사용 명령	2시간
		Rib, Projection	

1. 요구사항
   가. 지급된 도면을 참조하여 3D 모델링을 수행한다.

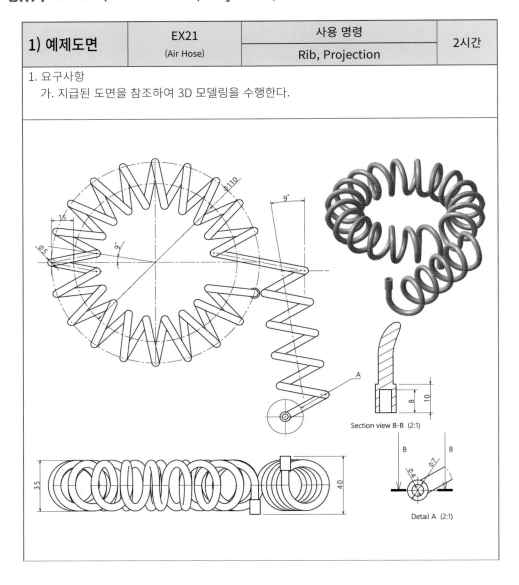

2) Air Hose 모델링

- xy 평면에 아래와 같이 D110 원(①)을 스케치하고 → 3D로 나간 뒤 zx 평면에 R15 원호(②)를 스케치한다. → GSD에서 → sw → 엔터 하여 Sweep 곡면(③)을 생성한다.

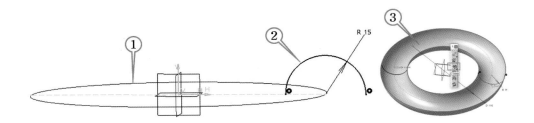

- xy 평면에 H축과 9도 이루는 직선을 이용하여 아래와 같이 직선을 스케치하고 → 3D(GSD)로 나가 Projection을 실행 → Sweep 곡면에 직선을 투영한다.

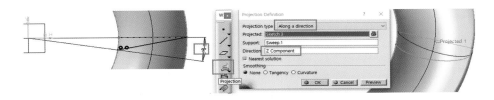

- xy 평면에 아래와 같이 H축과 18도를 이루는 직선을 스케치한다. → 3D(GSD)로 나가서 → Sweep 곡면을 xy 평면에 대해 Symmetry(🧊) 시킨 뒤 → 대칭된 곡면에 Projection을 실행하여 직선을 투영한다.

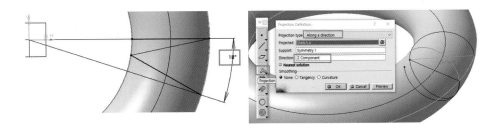

- Project.1과 Project.2를 Join 시킨다. → Circular Pattern을 아래와 같이 실행한다.

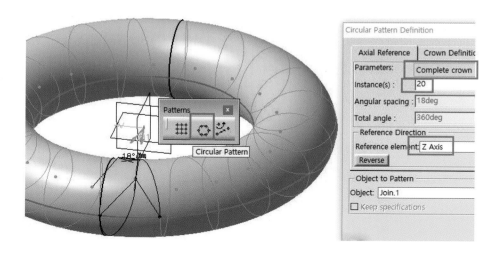

- xy 평면에 아래와 같이 D5 원(①)을 스케치 하고 3D로 나간다. → Join.1(③)을 xy 평면(④)에 대해 대칭(Symmetry)(②)시킨다.

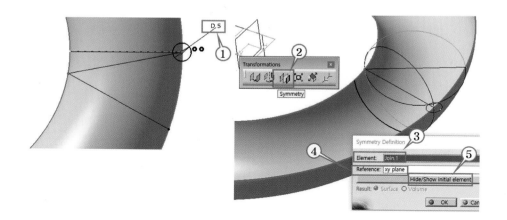

- 3D(GSD)에서 Point-Direction 방식으로 xy plane에 normal한 Line을 생성한다. → Join.1을 xy 평면에 대칭하여 만든 Symmetry.2를 생성한 Line을 회전축으로 하여 Rotate 시킨다.

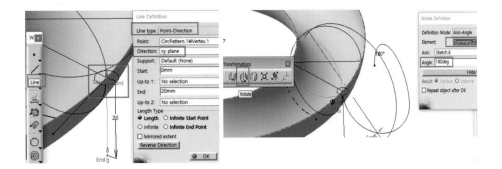

- 3D(GSD)에서 Rectangular Pattern을 아래와 같이 실행하고 Join 한다. Rectangular Pattern의 Reference Direction은 도면을 참조하여 9도로 작도한다.

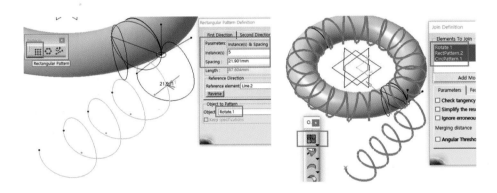

- 3D(Part Design)에서 D5 원을 Profile로 하고 Join.3을 Center Curve로 하여 Rib를 생성한다. → 에어호스 양 끝의 니플 부는 도면을 참조하여 Pad 한다.

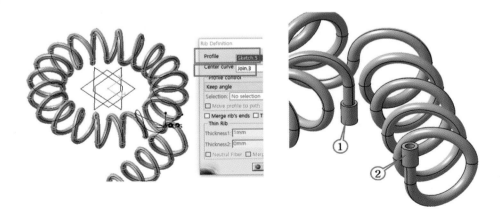

● 아래와 같이 모델링을 완성한다.

6.1.5 EX22 (Mug Cup, - Rib, Shell)

1) 예제도면	EX22 (Mug Cup)	사용 명령	2시간
		Rib, Shell	

1. 요구사항
   가. 지급된 도면을 참조하여 3D 모델링을 수행한다.

Top view (1:1)

Isometric view (3:4)

도시되고 지시없는 모든 필렛 = R1

Section view A-A (1:1)

2) Mug Cup 모델링

- xy 평면에 아래와 같이 Multi-Section Solid의 Guide Curve로 사용할 R72 원호를 스케치하고 → 3D(GSD)로 나가서 Symmetry를 클릭하여 yz 평면(①)에 대하여 대칭시킨다.

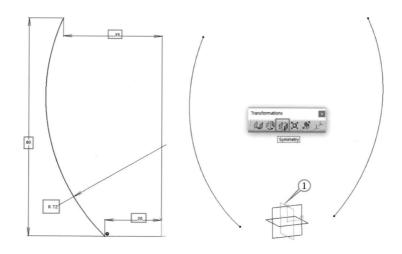

- Multi-Section Solid의 Section으로 사용할 곡선을 스케치하기 위한 평면 정의를 수행한다. → xy 평면에 아래의 좌 그림과 같이 Project(▤)를 이용하여 Guide 곡선(R72) 상의 최 외곽 점(①)을 찾는다. → 3D(GSD)로 나가서 Plane 아이콘(②)을 클릭한뒤 → zx 평면(⑤)을 선택하고 최 외곽 점(④)을 클릭 하여 Section으로 사용할 스케치 평면을 정의한다. → zx 평면(⑤)을 선택하고 R72 원호의 끝 점(⑥)을 클릭하여 스케치 평면을 하나 더 정의한다.

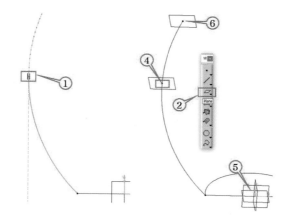

- Multi-Section Solid의 Section으로 사용할 곡선들을 각 스케치 평면에서 정의한다. ①번과 ③번 곡선은 아래 우측 그림과 같이 스케치하고 ②번 곡선은 Guide Curve 를 투영한 최 외곽 점에 구속시켜서 원호를 그린다. 도면의 참고 치수는 ϕ 82.4이 나 참고 치수일 뿐이고 정확하게 Guide Curve를 투영한 최 외곽 점에 구속시켜서 원호를 생성한다.

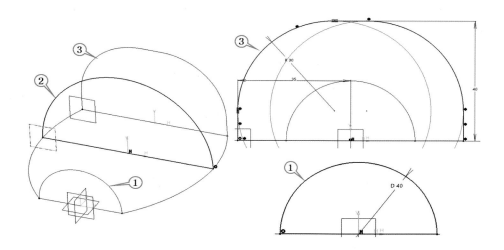

- Multi-Section Solid를 완성하고 xy 평면에 대하여 Part Design의 Mirror 아이콘을 클릭하여 대칭 솔리드를 생성한다.

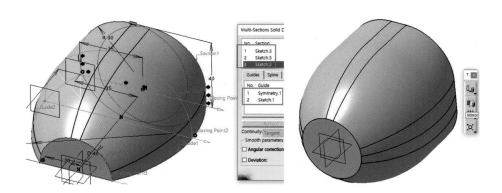

- Multi-Section Solid 상면에서 아래 좌와 같이 스케치하고 → zx 평면에 아래 중앙과 같이 스케치하고 → r → 엔터 하여 Rib를 생성한다.

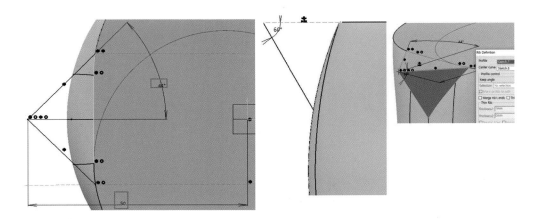

- Part Design에서 Shell(①) 클릭 → 머그컵 상면 클릭 → 4mm 입력한다. → zx 평면에 아래 우측과 같이 손잡이의 Guide Curve를 스케치한다.

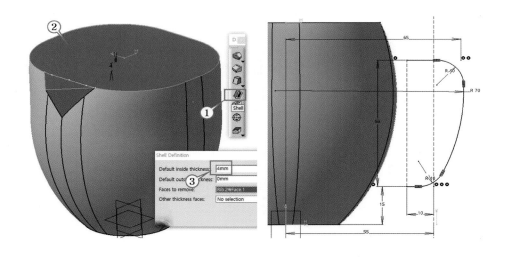

- 손잡이의 Section Profile로 사용할 사각형을 정의하기 위해 Guide Curve에 Normal 한 평면을 정의하고 아래 좌측 그림과 같이 평면에서 Guide Curve를 투영한 뒤 Centered Rectangle의 중점으로 활용한다. → 아래 우측 그림과 같이 손잡이 평면 스케치로 들어가서 기존 3D 형상을 Project 시키고 Up to next 타입으로 Pad 한다.

- 필렛을 주고 모델링을 완성한다.

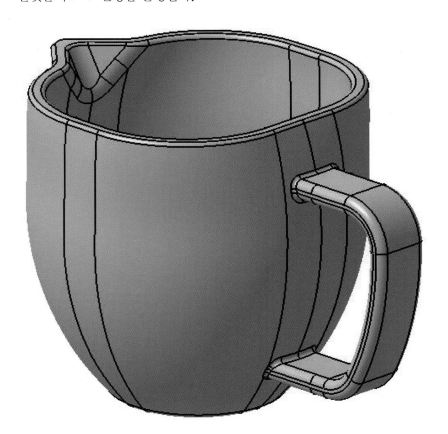

• 재질을 부여해 본다. Apply Material(①)을 선택하여 재질을 부여하고 Shading with Material(②)을 선택하여 재질 부여 결과를 확인한다.

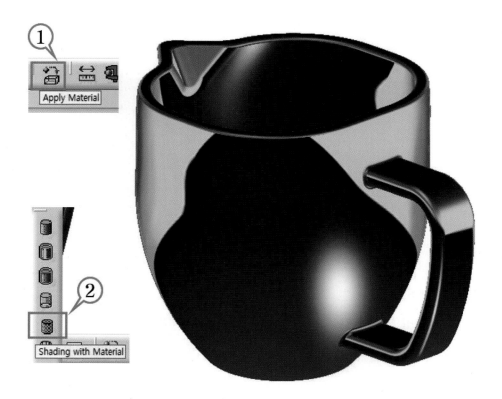

6.1.6 EX23 (Coke Bottle - Multi-Section Solid, Pattern)

1) 예제도면	EX23 (Coke Bottle)	사용 명령 Multi-Section Solid, Pattern	2시간

1. 요구사항

가. 지급된 도면을 참조하여 3D 모델링을 수행한다.

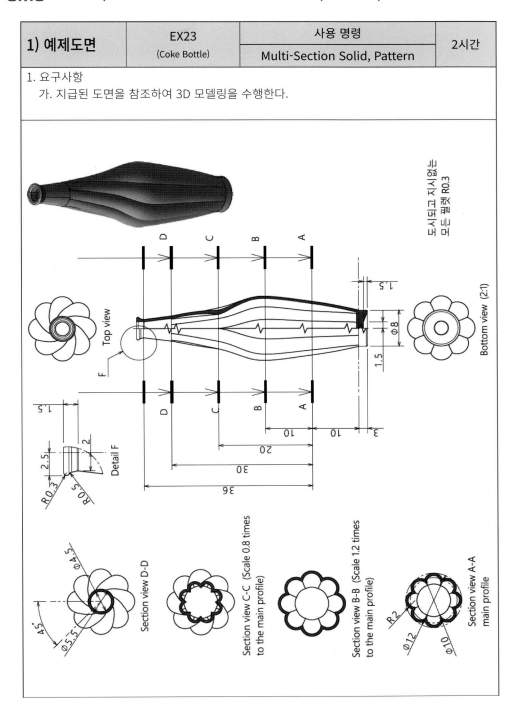

2) Coke Bottle 모델링

- xy 평면(②)을 아래로 10mm 옵셋하여 ①번 평면을 만들고 위로 10mm 옵셋하여 ③번 평면을 만들고 연속하여 10mm 씩 옵셋하여 ④, ⑤번 평면을 생성한다. → 생성한 각각의 평면 스케치 창에 들어가서 아래와 같이 스케치한다.

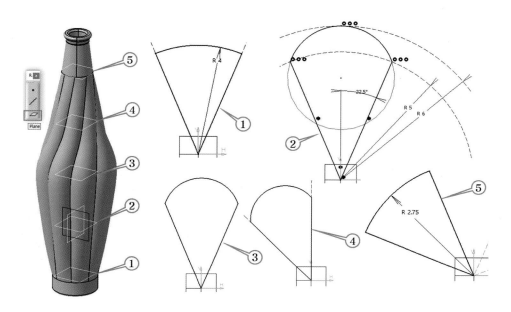

- Multi−Section Solid, Circular Pattern을 이용하여 아래와 같이 모델링한다.

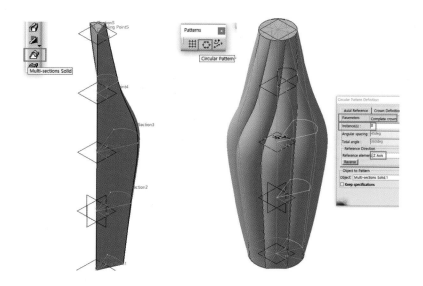

● Shell을 클릭하여 아래와 같이 모델링한다.

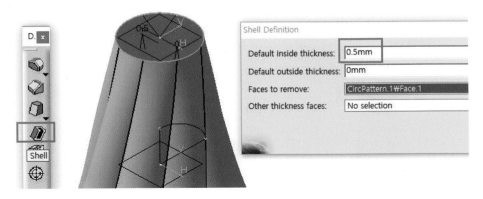

● yz 평면에서 병의 상부와 하부 단면을 스케치하고 s → 엔터 하여 Shaft를 실행한다.

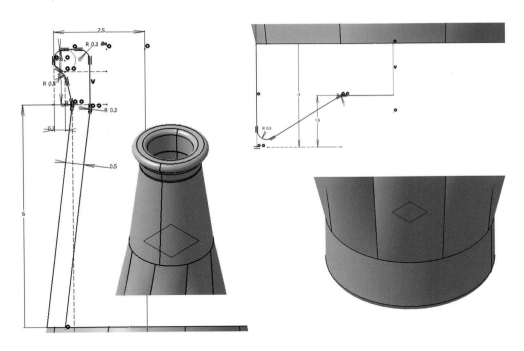

• 필렛을 부여하고 모델링을 완성한다. 재질을 부여해본다. Apply Material(①)을 선택하여 재질을 부여하고 Shading with Material(②)을 선택하여 재질 부여 결과를 확인한다.

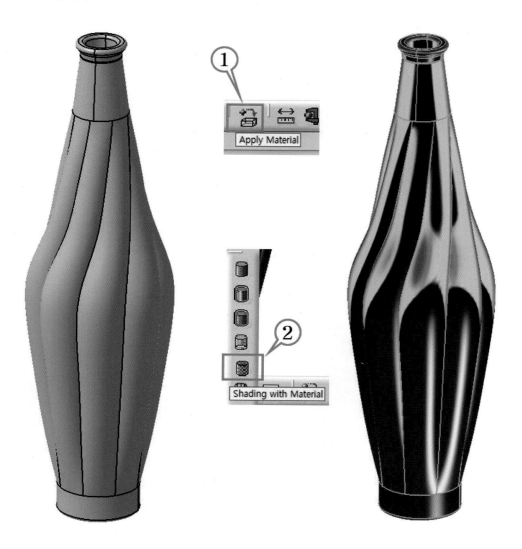

6.1.7 EX24 (Impeller - Multi-Section Surface, Pattern)

1) 예제도면	EX24 (Impeller)	사용 명령 Multi-Section Surface, Pattern	2시간

1. 요구사항

가. 지급된 도면을 참조하여 3D 모델링을 수행한다.

Turn Stock

5X-MILL

Element	모델링 방법	H축	V축
Hub	yz 평면에 Spline 스케치 → 3D → Revolute	0	51
		2.5	50
		18	30.5
		38	7
		65	0
Shroud	yz 평면에 Spline 스케치 → 3D → Revolute	38	45
		52	12.5
		65	5
Blade	xy 평면에 Spline 스케치 → Hub 곡면으로 Project (Along a direction) → Hub 곡면에 투영된 곡선 → Shroud 곡면으로 Project (Normal)	-7	15
		6.5	25.5
		18	45.5
		32.304	56.404

2) Impeller 모델링

- yz 평면 스케치로 들어가서 Spline(①) 클릭 → Spline 형상(②)을 대략 스케치한 뒤 한 점(③)씩 더블 클릭하고 도면의 주어진 좌표를 참조하여 ④와 같이 입력한다. → 3D (Part Design)으로 나가서 s → 엔터 → Axis Selection(회전중심축) 우클릭 → Z Axis(⑥)를 선택하여 Shaft을 수행 → Hub 솔리드를 완성한다.

Element	모델링 방법	H축	V축
Hub	yz 평면에 Spline 스케치 → 3D → Revolute	0	51
		2.5	50
		18	30.5
		38	7
		65	0

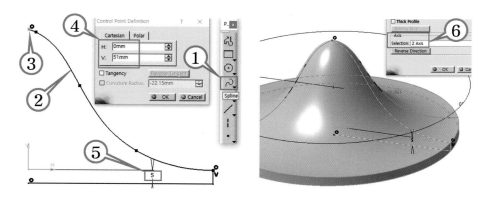

- yz 평면 스케치로 들어가서 위와 동일한 방식으로 대략 스케치한 뒤 한 점씩 더블 클릭하고 도면의 주어진 좌표를 참조하여 입력한다. → 3D GSD로 나가서 Revolve 아이콘(①) 클릭 → Axis Selection(회전중심축) 우클릭 → Z Axis(②)를 선택한다. → Shroud 서피스를 완성한다.

Element	모델링 방법	H축	V축
Shroud	yz 평면에 Spline 스케치 → 3D → Revolute	38	45
		52	12.5
		65	5

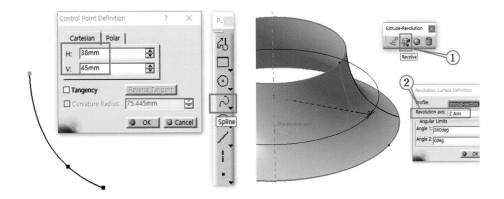

- 3D GSD에서 Extract 아이콘(①)을 클릭 → Part Body의 Hub 솔리드면 클릭 →
  Surface 추출 후 트리에서 이름을 hub-surface(②)로 변경한다.

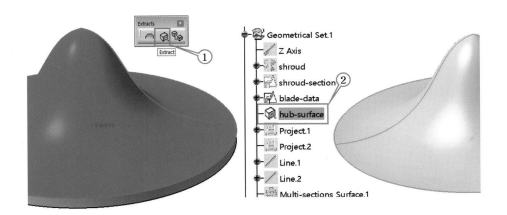

- xy 평면 스케치로 들어가서 앞서와 동일한 방식으로 Spline을 대략 스케치한 뒤 한
  점씩 더블 클릭하고 도면의 주어진 좌표를 참조하여 입력한다. → 3D GSD로 나가
  서 → 생성한 스케치의 이름을 Blade data로 변경 → Projection 아이콘(①)을 클릭
  → Hub 곡면 클릭 → Along a direction(②) 선택 → Z Axis(③)를 선택하여 Blade
  data 스케치를 Hub 곡면상에 투영한다. → Hub 곡면 상에 투영된 곡선을 재차
  Shroud 곡면상에 투영한다. 이때는 Normal(④)로 한다.

Element	모델링 방법	H축	V축
Blade	xy 평면에 Spline 스케치 → Hub 곡면으로 Project (Along a direction) → Hub 곡 면에 투영된 곡선 → Shroud 곡면으로 Project (Normal)	-7	15
		6.5	25.5
		18	45.5
		32.304	56.404

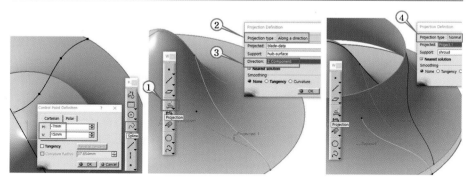

- Hub 곡면상에 투영된 곡선(①)과 Shroud 곡면상에 투영한 곡선(②)을 연결하는 Line 2개를 생성하여 Section(④)으로 하고 2개의 투영 곡선을 Guide(⑤)로 하여 Multi-Section Surface(③)를 생성한다.

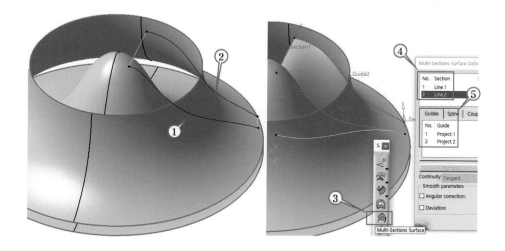

- 블레이드 솔리드 생성 후 Split의 목적으로 Hub 곡면 아래 쪽 Edge를 선택하여 z
  방향으로 Extrude(①)한다. → Multi-Section Surface를 선택 → Thick Surface(②) 아
  이콘 클릭 → 2mm 두께(③)를 주어 솔리드로 만든다.

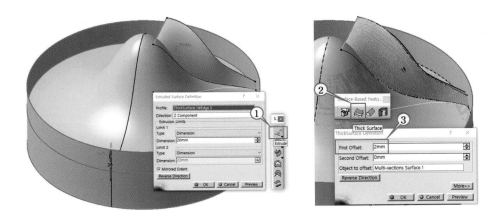

- Part Design의 Thickness(①)를 클릭하고 → ②를 선택하여 1mm 입력한다. → 동일
  한 방식으로 ③번도 1mm 두께를 연장한다.

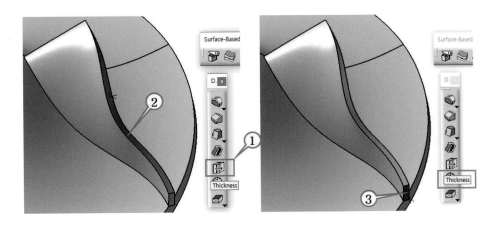

- Tritangent Fillet(①) 클릭 → ②를 클릭하여 ③과 ④를 선택하고 → ⑤를 클릭하여
  ⑥을 클릭하면 ⑦과 같이 필렛이 생성된다. → f → 엔터 하여 → 블레이드 아래 모
  서리(⑧)를 선택하고 → 2mm(⑨)를 입력한다.

• Hub 아래 Edge를 이용하여 생성하였던 Extrude.1을 이용하여 Split 하거나 아래와 같이 Hub 아래 Edge를 스케치면에서 Project하여 Pocket 함으로써 ⑩과 같이 제거할 수 있다. → sp → 엔터 하여 → Shroud 곡면(⑪)을 선택 → ⑫를 제거한다.

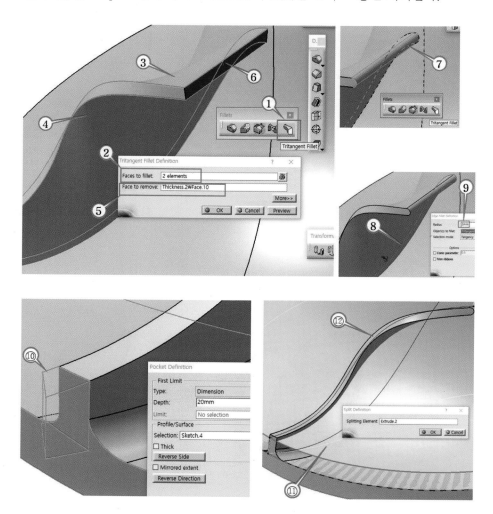

- 트리의 Split.3(①) 클릭 → Circular Pattern(②) 클릭 → Complete crown(③)으로 하고 8개(④)로 한다. → ⑤와 같이 모델링을 완성한다.

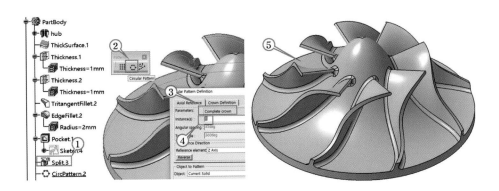

- Photo Studio를 이용하여 도면과 가공 사진 등 배경화면을 삽입하고 렌더링을 수행한다. 임펠러의 5축가공은 "CATIA CAM 5축가공기술" 교재를 참조하여 수행한다.

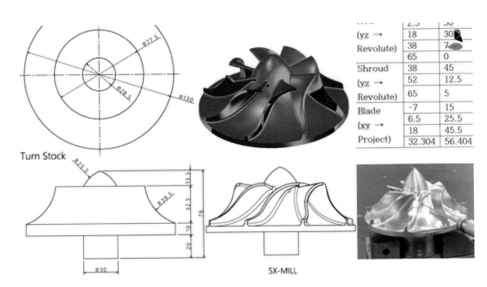

6.2 바이스 설계 해석

6.2.1 EX25 (Vise01 - Power Copy, Assembly)

1) 예제도면	EX25 (Vise01)	사용 명령	2시간
		Power Copy, Assembly	

1. 요구사항

    가. 지급된 모델링을 OPEN → Power Copy 기능을 사용한 수나사와 암나사 모델링을 수행
        하시오.

    나. 분해, 조립 시뮬레이션을 수행하시오.

    다. 구동 시뮬레이션을 수행하시오.

    라. 구조해석을 수행하시오.

    마. 모델링 파일 OPEN 경로 : D:\CATIA-CAD-CAM-TECH\EX25

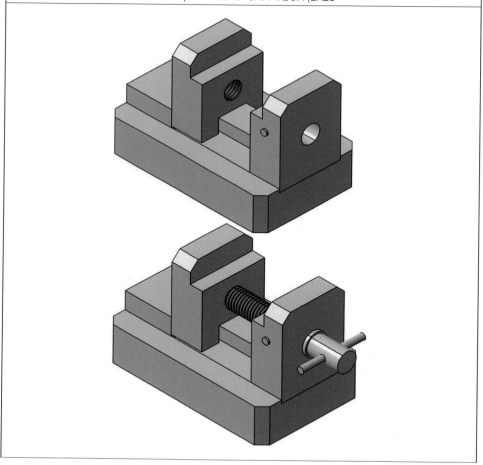

2) Vise01 어셈블리 모델링

- 광문각 홈페이지 자료실의 CATIA–CAD–CAM–TECH.zip 파일을 다운받고 D:/에 압축을 푼다. → D:/CATIA–CAD–CAM–TECH 폴더의 EX25폴더(①)에서 VISE01. stp(②) 파일을 열고 메인 메뉴 파일에서 Save as 하여 VISE01.CATProduct(③)로 저장한다. → 트리 Product1(④)의 slider(⑤)에서 PartBody를 더블 클릭하여 Part Design 워크벤치로 이동한다. → 메인 메뉴 Insert(⑥)의 Body(⑦)를 추가한다.

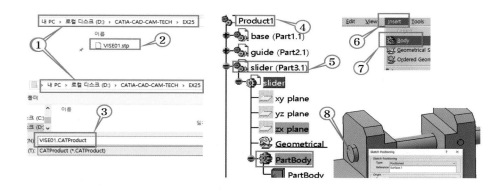

- Shaft 좌측면(②)을 작업 평면으로 들어가서 Project(①) 클릭 → Shaft 좌측면(②)을 선택하여 원을 투영한 뒤 → p → 엔터 → 25(③) → 엔터 하여 Pad를 생성하고 → ④와 같이 이름을 변경한다.

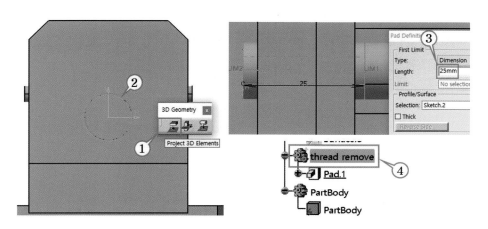

- 트리의 slider를 hide하고 shaft(①) 아래 PartBody(②)를 더블 클릭한다. → Chamfer(③)를 클릭하여 ④와 같이 입력한다.

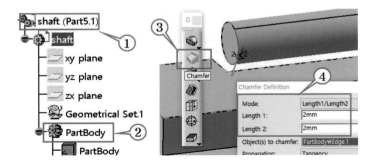

- 메인 메뉴 Insert(①) 아래 ②를 선택하고 → 기존에 생성한 나사 Power Copy 파일(③)을 연다. → Chamfer Edge(④)를 클릭 → Parameter(⑤)를 클릭하여 ⑥과 같이 입력 → ⑦과 같이 자동으로 M12 나사를 생성한다.

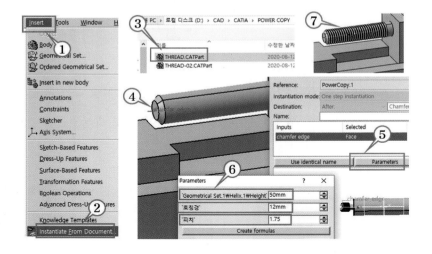

- 트리의 shaft는 hide 하고 slider를 show한 뒤 PartBody(①)를 더블 클릭하고 ②, ③과 같이 Pad를 추가하여 골지름 부를 생성한다. Power Copy 명령을 이용하여 위와 동일한 방법으로 thread remove(⑤)의 25mm Pad에 수나사(④)를 생성한다. → PartBody를 우클릭 → Define 하고 → thread remove(⑤)를 우클릭하여 Remove 하면 ⑥과 같이 암나사가 생성된다.

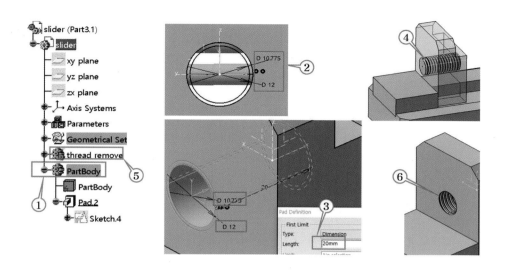

- Power Copy 기능을 이용하여 아래와 같이 slider에는 암나사가, shaft에는 수나사가 자동 생성된다.

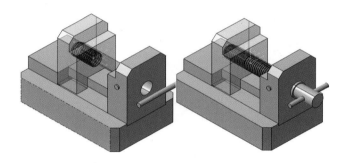

- Assembly Design에서 작업 내용을 저장할 때는 여러 개의 Part가 조합되어 있으므로 아래와 같이 Save Management로 저장한다.

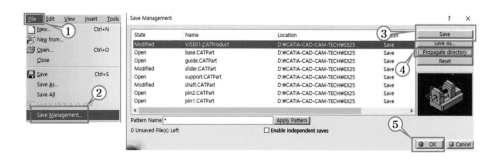

6.2.2 EX26 (Vise02 – Power Copy, Assembly)

1) 예제도면	EX26 (Vise02)	사용 명령	2시간
		Power Copy, Assembly	

1. 요구사항
   가. 지급된 모델링을 OPEN → Power Copy 기능을 사용한 수나사와 암나사 모델링을 수행
   　　하시오.
   나. 분해, 조립 시뮬레이션을 수행하시오.
   다. 구동 시뮬레이션을 수행하시오.
   라. 구조해석을 수행하시오.
   마. 모델링 파일 OPEN 경로 : D:\CATIA-CAD-CAM-TECH\EX26

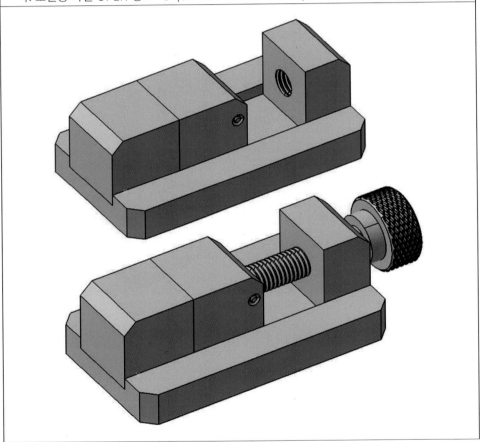

2) Vise02 어셈블리 모델링

- 광문각 홈페이지 자료실의 CATIA-CAD-CAM-TECH.zip 파일을 다운받고 D:/에 압축을 푼다. → D:/CATIA-CAD-CAM-TECH 폴더의 EX26폴더(①)에서 VISE02.stp(②) 파일을 열고 메인 메뉴 파일에서 Save as 하여 VISE02.CATProduct(③)로 저장한다. → 트리 Product1(④)의 support(⑤)에서 PartBody를 더블 클릭하여 Part Design 워크벤치로 이동한다. → 메인 메뉴 Insert(⑥)의 Body(⑦)를 추가한다.

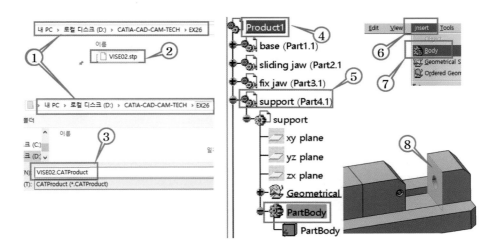

- Support 좌측면을 작업 평면으로 들어가서 Project(①) 클릭 → Hole을 선택하여 원을 투영한 뒤 → 중심을 일치시키면서 D12원(②)을 그린다. 3D로 나가서 → p → 엔터 → ③과 같이 입력하여 Pad를 생성하고 → ④와 같이 이름을 변경한다.

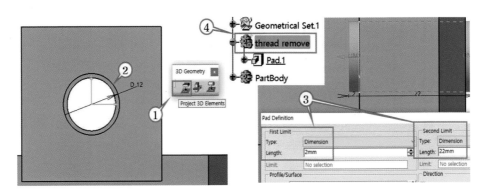

- 트리 → shaft의 PartBody를 더블 클릭하고 → 메인 메뉴 Insert(①) 아래 ②를 선택하며 → 기존에 생성한 나사 Power Copy 파일을 연다. → Chamfer Edge를 클릭 → Parameter(⑤)를 클릭하여 ⑥과 같이 입력하여 ⑦과 같이 자동으로 M12 나사를 생성한다.

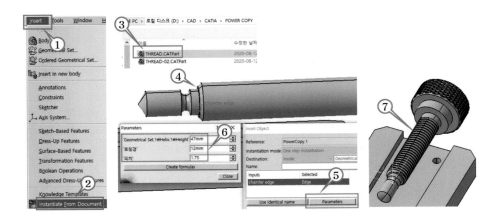

- 트리의 shaft는 hide 하고 support를 show한 뒤 PartBody(①)를 더블 클릭하고 → Power Copy 명령을 이용하여 위와 동일한 방법으로 thread remove의 25mm Pad에 수나사(②)를 생성한다. → PartBody를 우클릭 → Define 하고 → thread remove(③)를 우클릭하여 Remove 하면 ④와 같이 암나사가 생성된다.

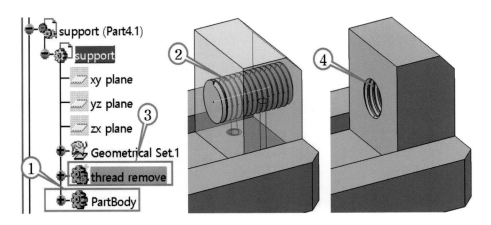

- Power Copy 기능을 이용하여 아래와 같이 slider에는 암나사가, shaft에는 수나사
  가 자동 생성된다.

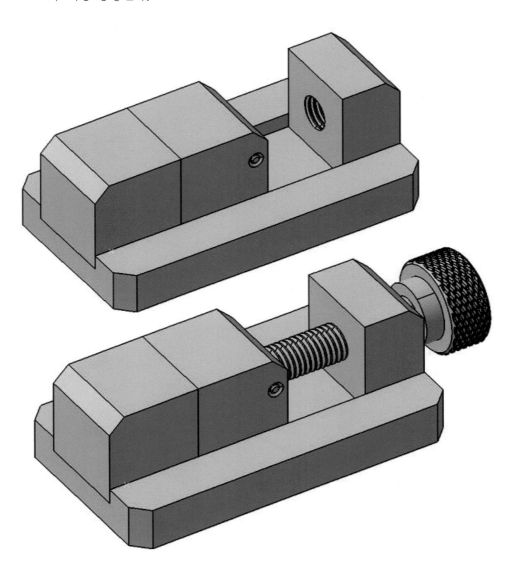

6.2.3 분해 조립 시뮬레이션 (EX25)

1) 예제도면	EX25 (Vise01)	사용 명령	2시간
		Track, Edit Sequence, Simulation	

1. 요구사항

    가. 지급된 모델링을 OPEN → Power Copy 기능을 사용한 수나사와 암나사 모델링을 수행
       하시오.

    나. 분해, 조립 시뮬레이션을 수행하시오.

    다. 구동 시뮬레이션을 수행하시오.

    라. 구조해석을 수행하시오.

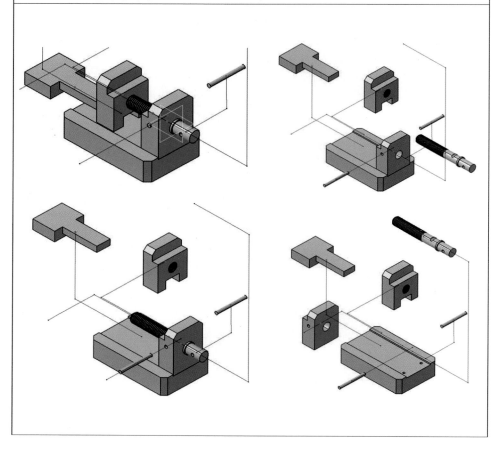

2) Vise01 분해 조립 시뮬레이션

- EX25폴더(①)에서 Assembly를 구성하는 모든 Part 파일(②)을 열고 메인 메뉴
  Start(③)에서 DMU Fitting(⑤)을 연다.

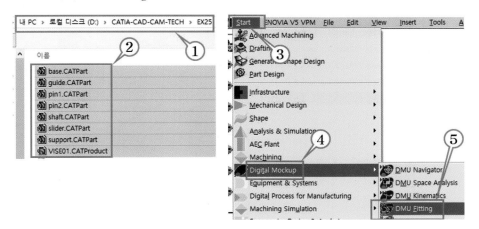

- 분해하고자 하는 Element(①)를 클릭하고 Track(②)을 클릭한다. → 이동하고자 하
  는 방향으로 ③을 이용하여 이동 후 → Record(④)를 클릭하면 ⑤와 같이 이동경로
  가 표시되고 저장된다.

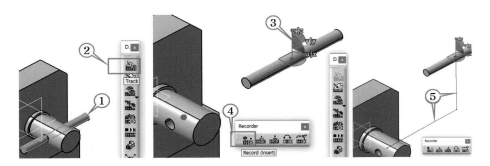

- 트리의 Track(①)을 클릭하면 작업창의 해당 Element(②)가 저장된 경로에 따라 이동한다.

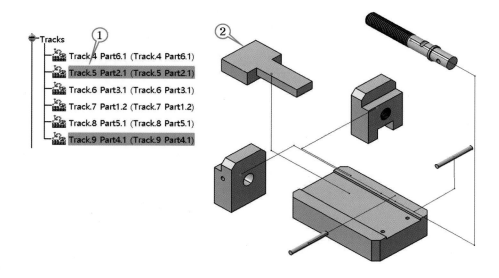

- Edit Sequence(①)를 클릭하고 다이얼로그 박스에서 ②와 같이 Track 하나를 선택하고 ③을 클릭하여 ④와 같이 이동시키며 나머지 Track도 순서대로 이동한다. 한번에 모든 Track을 선택하면 분해조립 시뮬레이션 시에도 다 같이 작동하므로 각각따로 이동, 설정한다. Action duration을 10초(⑤)로 한다. → 트리의 Sequence.1(⑥)을 클릭하고 Simulation Player(⑦)를 클릭하고 ⑧, ⑨와 같이 재생한다.

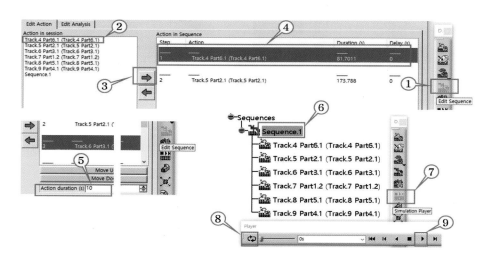

● 아래와 같이 분해 조립 시뮬레이션이 계속 반복되도록 한다.

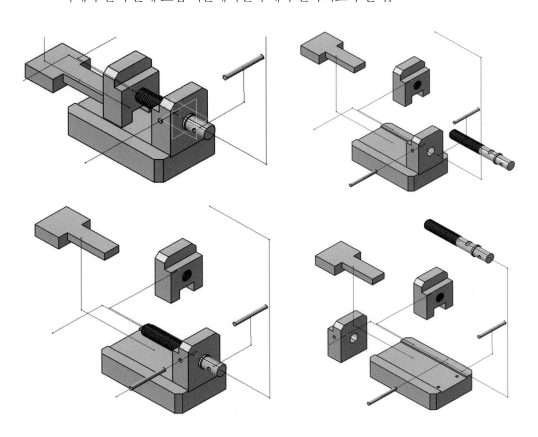

6.2.4 구동 시뮬레이션 (EX25)

1) 예제도면	EX25 (Vise01)	사용 명령 Revolute Joint, Prismatic Joint	2시간

1. 요구사항
가. 지급된 모델링을 OPEN → Power Copy 기능을 사용한 수나사와 암나사 모델링을 수행하시오.

나. 분해, 조립 시뮬레이션을 수행하시오.

다. 구동 시뮬레이션을 수행하시오.

라. 구조해석을 수행하시오.

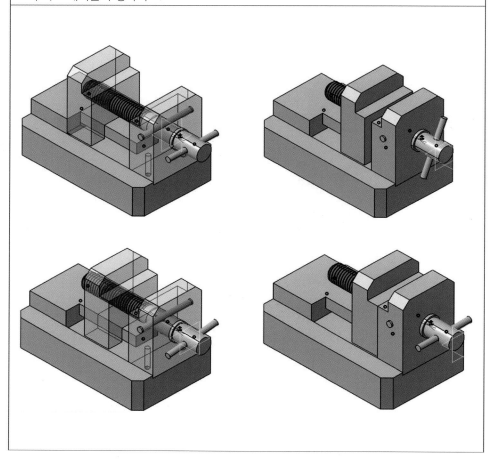

2) Vise01 구동 시뮬레이션

● EX25폴더(①)에서 모든 Part 파일(②)을 열고 메인 메뉴 Start(③)에서 DMU Kinematics(⑤)를 연다.

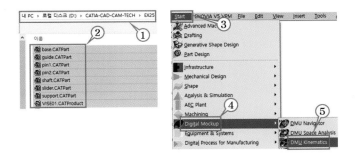

● Fixed Part 아이콘(①)을 클릭하고 → ② ~ ④의 순서로 클릭한다.

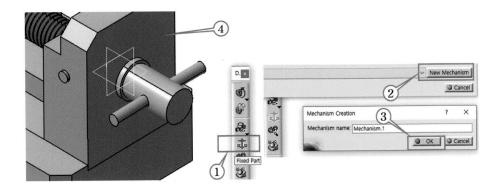

● Rigid Joint(①)를 클릭하고 shaft(②)와 pin(③)을 클릭하여 하나의 강체로 한다.

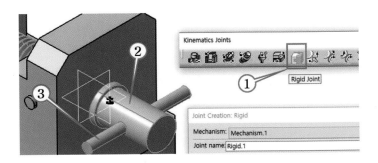

- Revolute Joint 아이콘(①)을 클릭하고 → shaft의 원통면(②) 클릭 → support의 원통면(③) 클릭한다. → 트리에서 support와 shaft의 회전평면을 ④, ⑤와 같이 선택하고 ⑥을 체크한다. 회전평면은 회전이 가능한 단 하나의 평면만이 선택 가능하다.

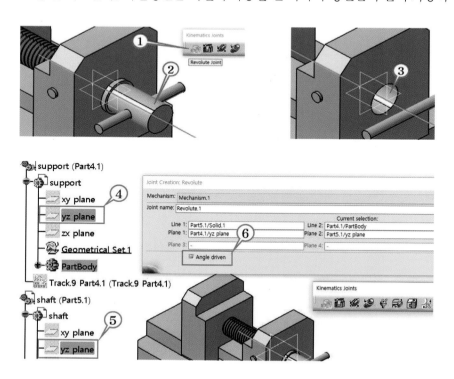

- Prismatic Joint 아이콘(①)을 클릭하고 → slider의 모서리(②) 클릭 → support의 모서리(③) 클릭 → slider의 구동평면(④) 클릭 → support의 구동평면(⑤) 클릭 → ⑥을 체크한다.

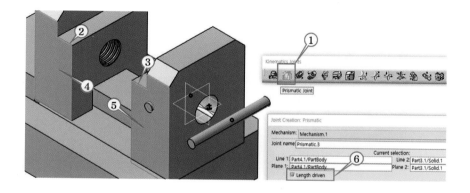

- 트리 Mechanisms의 Revolute와 Prismatic를 더블 클릭하여 아래의 순서로 설정한다.

- Simulation 아이콘(①)을 클릭하고 아래의 순서로 설정한다.

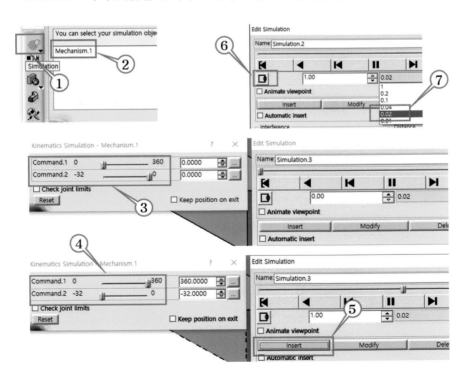

• Play forward(▶)를 클릭하여 스트로크, 간섭 등을 체크한다.

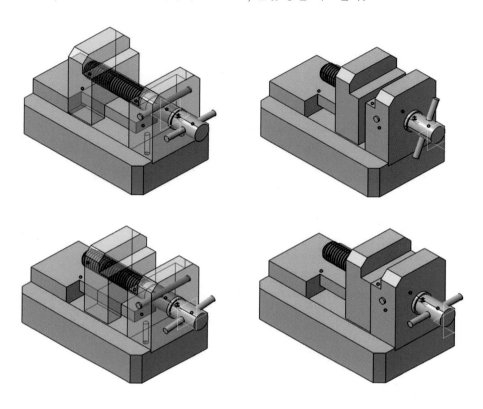

3) VISE02 구동 시뮬레이션

• EX26폴더(①)의 모든 파일(②)을 열고 메인 메뉴 Start(③)에서 DMU Kinematics(⑤)를 클릭한다.

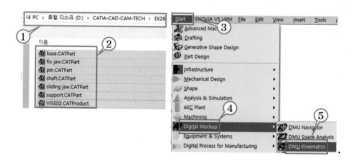

- Fixed Part 아이콘(①)을 클릭하고 → ② ~ ④의 순서로 클릭한다.

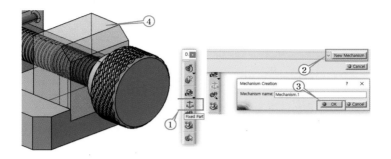

- Rigid Joint(①)를 클릭하고 sliding Jaw(②)와 pin(③)을 클릭하여 하나의 강체로 한다.

- Prismatic Joint 아이콘(①)을 클릭하고 → support의 모서리(②) 클릭 → sliding Jaw 의 모서리(③) 클릭 → support의 구동평면(④) 클릭 → sliding Jaw의 구동평면(⑤) 클 릭 → ⑥을 체크한다.

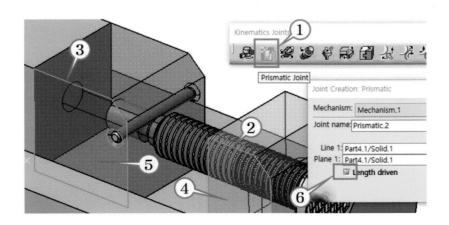

- Revolute Joint 아이콘(①)을 클릭하고 → shaft의 원통면(②) 클릭 → sliding Jaw의 원통면(③)을 클릭 한다. → 트리에서 sliding Jaw와 shaft의 회전평면을 ④, ⑤와 같이 선택하고 ⑥을 체크한다.

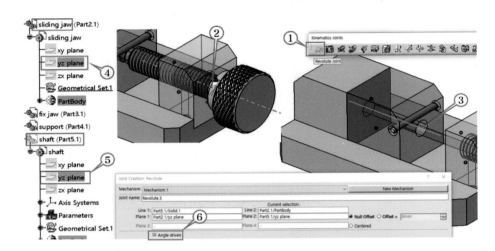

- 트리 Mechanisms의 Prismatic과 Revolute를 더블 클릭하여 아래와 같이 설정한다.

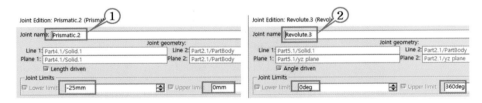

- Simulation 아이콘(①)을 클릭하고 아래의 순서로 설정한다.

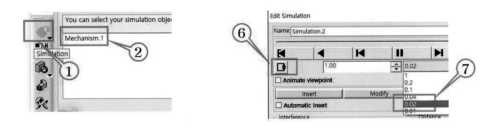

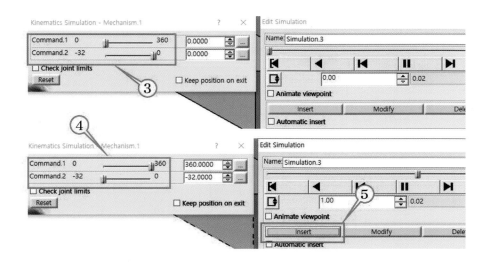

• Play forward(▶)를 클릭하여 스트로크, 간섭 등을 체크한다.

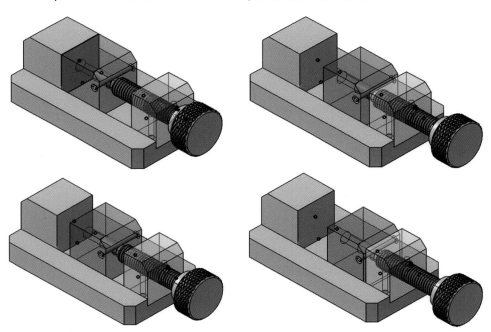

6.2.5 설계 및 구조 해석 (EX25)

1) 예제도면	EX25 (Vise01)	사용 명령	2시간
		Connection, Restraint, Load	

1. 요구사항
   아래와 같은 경계 조건을 적용하여 바이스를 설계하고 해석하시오

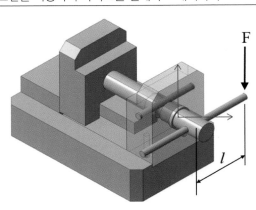

B.C

SM45C의 항복강도, σ_y	35MPa	KS D3752
SM45C의 인장강도, σ_u	58MPa	
SM45C의 전단강도, τ_u	12Mpa	
핸들에 가해지는 힘, F	5(kg_f)	
핸들의 한쪽 거리, l	40mm	
나사의 마찰계수, μ	0.12	
축하중(=슬라이더가 제품을 압축하여 생기는 반력, Q)	$Q = \dfrac{F_t}{\mu}$ 로 계산, F_t=나사의 접선력	

Question
1) 구동 토크와 전단강도에 따른 나사 호칭경을 구하시오. (안전률은 1.5로 가정한다.)
2) 바이스를 회전하는 모터가 0.1KW, 500RPM이라면 구동토크는 얼마인가?
3) 축하중 Q를 구하시오
4) 축하중과 비틀림하중에 동시에 작용할 때의 나사 호칭경을 구하시오 (안전률은 1.5로 가정한다.)
5) M12로 가정하여 설계한 모델링을 구조해석하여 응력, 변형량 및 안전률을 구하시오. (안전률의 비교대상은 항복강도로 한다.)

2) Vise01 설계

- Q1) 구동 토크와 전단강도에 따른 나사 호칭경을 구하시오. (안전률은 1.5로 가정한다.)
- A1) 구동 토크, $T = F \times l = 49.1 \times 40 = 1962 (N \cdot mm)$

$$S = \frac{\tau_u}{\tau_a}, \quad \tau_a = \frac{12}{1.5} = 8MPa$$

$$T = \tau_a \frac{\pi d^3}{16}, \quad d = \sqrt[3]{\frac{16T}{\pi \tau_a}} = \sqrt[3]{\frac{16 \times 1962}{\pi \times 8}} = 10.8mm$$

골지름 $10.8mm$이므로 호칭경 $M12 \times 1.75$ 선정

- Q2) 바이스를 회전하는 모터가 0.1KW, 500RPM이라면 구동토크는 얼마인가?
- A2) $H = 0.1kw$

$$N = 500rpm$$
$$T = 974000 \times \frac{H}{N} = 974000 \times \frac{0.1}{500} = 194.8 \, kg_f \cdot mm$$
$$= 1911N \cdot mm$$

- Q3) 축하중 Q를 구하시오
- A3) $T = F_t \times \frac{d}{2}, \quad F_t = \frac{2T}{d} = \frac{2 \times 1962}{10.8} = 363.3N$

$$Q = \frac{F_t}{\mu} = \frac{363.3}{0.12} = 3027.8N$$

- Q4) 축하중과 비틀림하중에 동시에 작용할 때의 나사 호칭경을 구하시오 (안전률은 1.5로 가정한다.)

- A4)
$$D = \sqrt{\frac{8W}{3\sigma_a}} = \sqrt{\frac{8Q}{3\sigma_a}}$$

$$\sigma_a = \frac{\sigma_u}{S} = \frac{58}{1.5} = 38.7 MPa$$

$$D = \sqrt{\frac{8 \times 3027.8}{3 \times 38.7}} = 14.4 mm$$

$$\therefore M16 \, 선정$$

3) Vise01 구조해석

- Q5) M12로 가정하여 설계한 모델링을 구조 해석하여 응력, 변형량 및 안전율을 구하시오. (안전률의 비교대상은 항복강도로 한다.)

- A5)
- Product1(①)을 클릭하고 Apply Material(②) 클릭 → 강(Steel)(④)으로 재질을 부여하고 Generative Structural Analysis(⑦) 워크벤치를 연다.

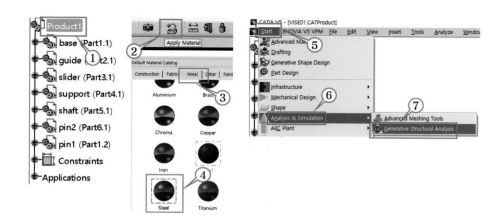

- Static Analysis(①)를 클릭한다. → 트리의 Nodes and Elements(②) 우클릭 → Mesh Visualization(③) 클릭하여 메시의 조밀도와 적정성을 판단한 뒤 hide(④)한다. → Link Manager(⑤)를 우클릭 → show 한다.

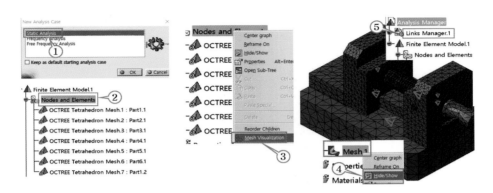

- General Analysis Connection.1(①)를 클릭한다. → Link Manager 트리를 확장하여 각 Part를 hide 하거나 show 하면서 해당 Part를 클릭한다. → Base 상면(②) 클릭 → ③을 클릭한 뒤 Guide 바닥(④)을 클릭한다.

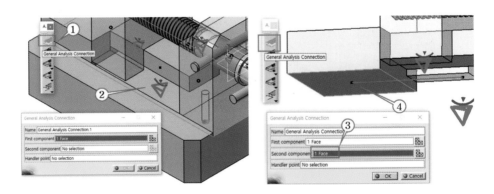

- 동일한 방법으로 Guide 상면과 Slider 바닥면 → Slider 내경나사와 Shaft 외경나사 → Shaft 외경나사와 Support 내경 홀 → Support 바닥면과 Base 상면을 연결 (Connection)한다.

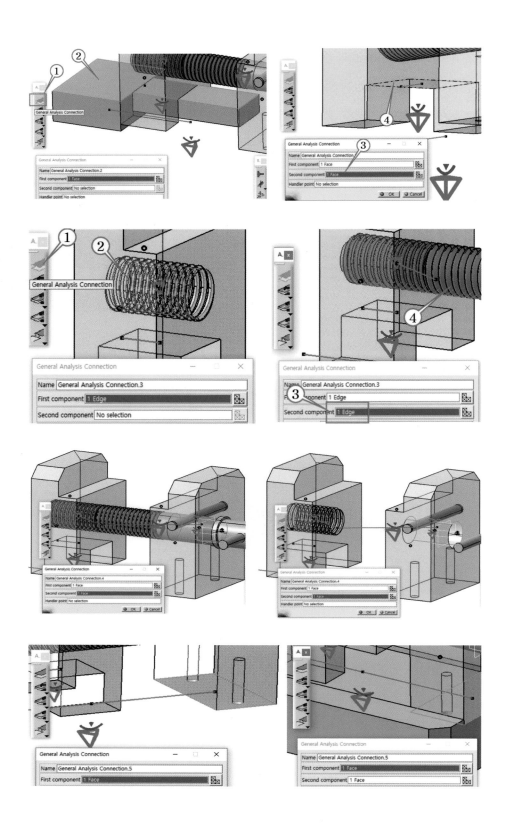

- Fastened Connection Property를 클릭하여 생성한 Connection들을 선택한다.

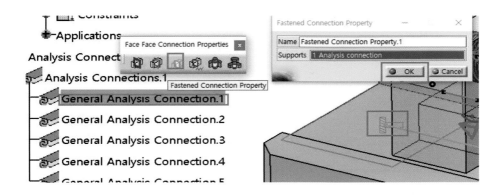

- Clamp(①)를 클릭하고 Base 바닥면을 선택한다. → Distributed Force(③)를 클릭하고 ④번 면을 선택하여 3028N(⑥)을 입력하고 ⑤번 면을 선택하여 − 3028N을 입력한다.

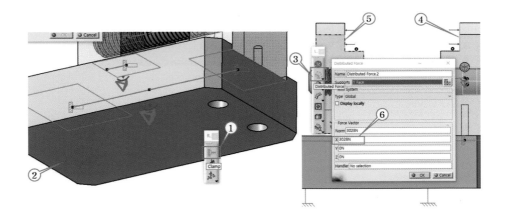

- Compute(①)를 클릭하여 계산한다.

- Compute 결과 에러 메시지를 띄우면서 계산을 하지 못하였다. 아래와 같이 구조해석에 유의미한 영향을 미치지 못하는 수나사, 암나사, 핀 등을 Deactivate(④)하여 비활성화시킨다.

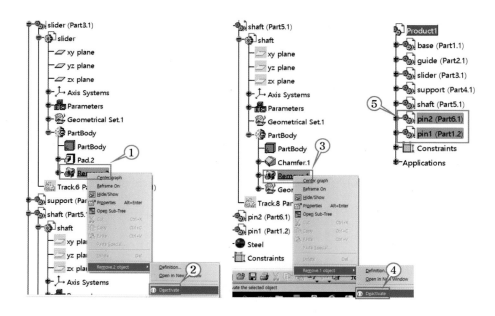

- 해당 폴더에 Analysis(③) 폴더를 추가하여 다시 저장한다.

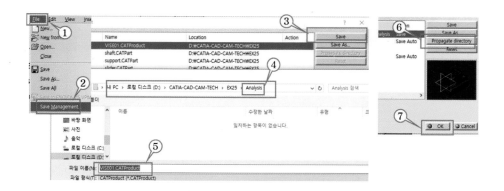

- 상기한 구조해석 순서대로 다시 작업하여 Compute 한다.

- Shading with Material(■)로 한다. → Von Mises Stress(①)를 클릭하여 응력을 해석한 결과 최대 26.8MPa(②)로 나타났다. 따라서 항복 강도 35MPa과 비교하면 안전율 1.3으로 해석되었다.

$$S = \frac{\sigma_y}{\sigma_m} = \frac{35}{26.8} = 1.3$$

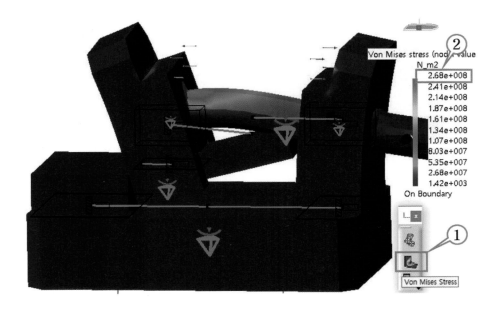

- Displacement(①)를 클릭하여 변형량을 계산한다. → ②를 우클릭 아래와 같이 설정한다.

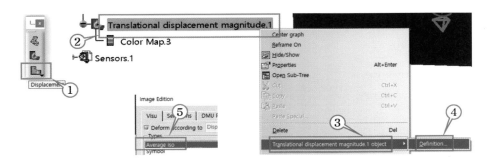

- Displacement 해석 결과 최대 변형량 0.03mm로 해석되었다.

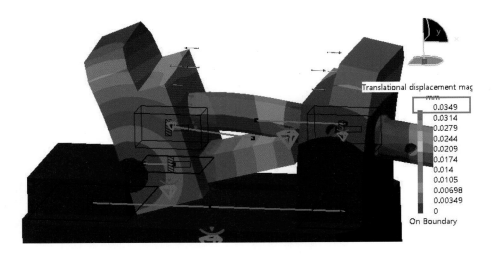

- Animate를 실행한다.

- Generate Report(①)를 클릭하여 보고서를 생성한다. → ②를 체크한다. → ③과 같이 응력 해석, ④와 같이 변형량 해석 보고서를 확인한다.

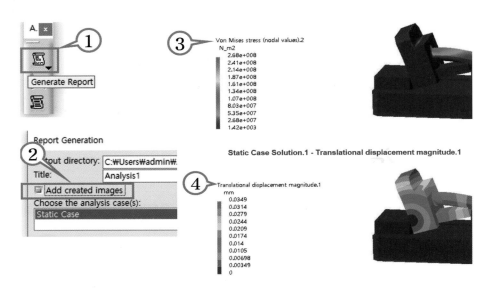

6.3 드론 자동차 설계

6.3.1 EX27 (Drone Car, Assembly)

1) 예제도면	EX27 (Drone Car)	사용 명령	2시간
		Assembly, Assemble, Remove	

1. 요구사항
  가. 지급된 모델링을 OPEN → 모델링 생성 과정을 분석하시오.
  나. Assemble, Remove 등 Boolean Operation과 각 Part Design을 조립하는 Assembly
    Design을 분석하시오.
  다. 모델링 파일 OPEN 경로 : D:\CATIA-CAD-CAM-TECH\EX27

2) Drone Car 어셈블리 모델링

- 광문각 홈페이지 자료실의 CATIA-CAD-CAM-TECH.zip 파일을 다운받고 D:/에 압축을 푼 뒤 ①번 폴더의 EX27.CATProduct(②) 파일을 OPEN 한다. CATIA V5R21 아래 버전 사용자의 경우 ③번 파일을 OPEN 하여 CATProduct로 Save As 한다.

- CATIA V5R21 이후 버전 사용자는 트리의 body(④) 아래 PartBody(⑤)를 더블 클릭 하여 Part Design 워크벤치로 이동 → 모델링 과정을 분석한다.

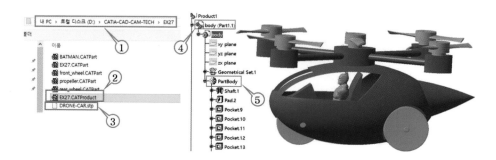

- ①번 모델들을 hide 하고 ②번을 우클릭 → ③과 같이 Define 시킨다. → Shaft.1 아래 Sketch.1(④)을 더블 클릭 → 타원(⑤)을 더블 클릭하여 ⑥과 같이 타원 생성 과정을 분석한다. 이하 모든 모델링 생성 과정을 동일한 방법으로 분석한다. 또한 각각의 Part 모델링이 어떠한 방식으로 Assembly 되어 있는지 분석한다.

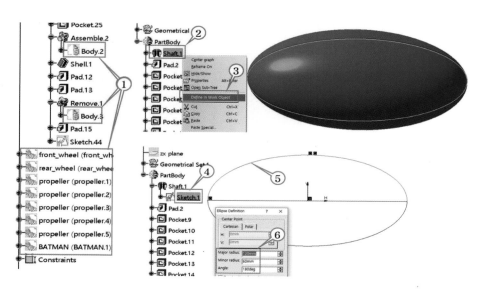

6.3.2 구동 시뮬레이션 (EX27)

1) 예제도면	EX27 (Drone Car)	사용 명령 Assembly, Assemble, Remove	2시간

1. 요구사항
   가. 지급된 모델링을 열고 → DMU Kinematics 워크벤치를 실행한다.
   나. 아래와 같이 구동 시뮬레이션을 수행한다.

2) 구동 시뮬레이션 (EX27)

- ①~③의 순서로 Part를 추가하고 우클릭 하여 ④와 같이 이름을 변경한다. → ⑤를 더블 클릭하고 → Plane(⑥)을 클릭하여 xy 평면(⑦)에서 40mm(⑧) 옵셋한다.

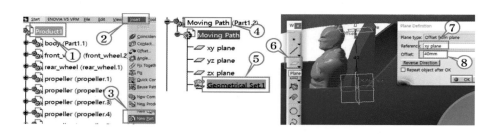

- xy 평면 스케치 창에 들어가서 주행 궤적으로 사용할 Spline을 생성한다.

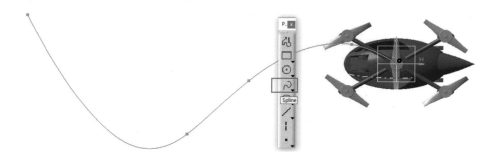

- 40mm 옵셋한 평면 스케치에서 Spline(①)을 Project(②) 하여 ③을 생성한다.

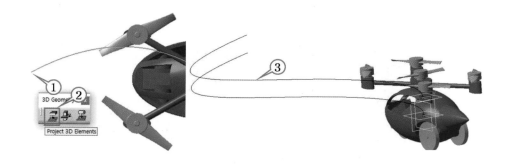

- 트리 body(①) 아래 Geometrical Set.1(②)을 더블 클릭하고 xy 평면 스케치에서 (0,0) 인 점(③)을 생성한다. → 3D로 나간 뒤 40mm 옵셋한 평면 스케치에서 (0,0)인 점을

생성한다. → 3D로 나가서 Point(④)를 클릭하고 Curve(⑤)를 클릭한 뒤 ⑥, ⑦과 같이 설정한다. 이와 같이 주행 경로로 사용할 Spline은 New Part에 생성하고 Point는 기존에 생성한 body(최초 Fixed Part로 선정할 모델)에 만들어준다.

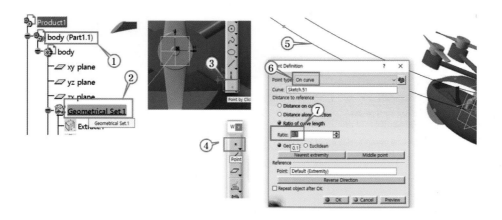

• DMU Kinematics(①)을 클릭 → Fixed Part(②) 클릭 → ③ → ④ 클릭하고 드론자동차 Body(⑤)를 클릭한다.

• Revolute Joint(①)를 클릭 → 작업창 front wheel의 원통면(②) 클릭 → Body의 원통면(③) 클릭 → 트리에서 body의 zx plane(④) 클릭 → front wheel의 zx plane(⑤) 클릭하고 ⑥을 체크한다. → rear wheel과 propeller 들도 모두 동일한 방식으로 Revolute Joint를 생성하며 wheel의 회전 평면은 zx plane, propeller의 회전 평면은 xy plane으로 한다.

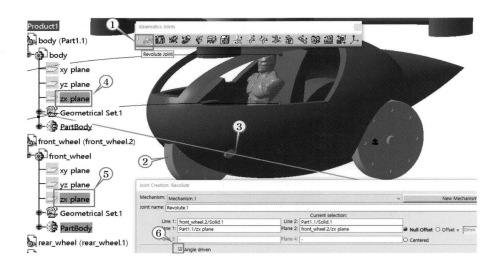

• Fixed Part(①)를 클릭하여 Moving Path(②)를 선택한다. → Point Curve Joint(③)를 클릭하고 아래쪽 Curve(④) 선택 → 아래쪽 점(⑤)을 선택하고 Length driven(⑥)을 체크한다. → Point Curve Joint(⑦)를 클릭하고 아래쪽 Curve(⑧) 선택 → 아래쪽 Ratio 0.1로 생성한 점(⑨)을 선택하고 Length driven을 체크 해제(⑩) 한다. → Point Curve Joint(⑪)를 클릭하고 위쪽 Curve(⑫) 선택 → 위쪽 점(⑬)을 선택하고 Length driven을 체크 해제(⑮) 한다.

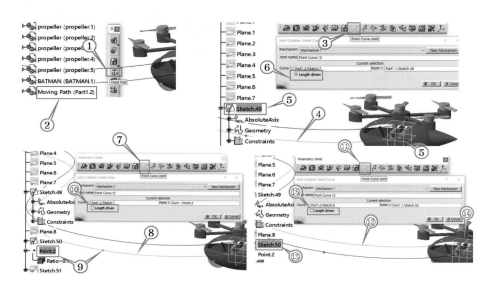

- Rigid Joint(①)를 클릭하여 body와 batman을 하나의 강체로 연결한다.

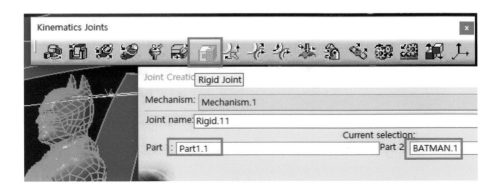

- 트리의 Mechanism.1(①) 아래 Revolute Joint(②)를 클릭하여 ③과 같이 한다.

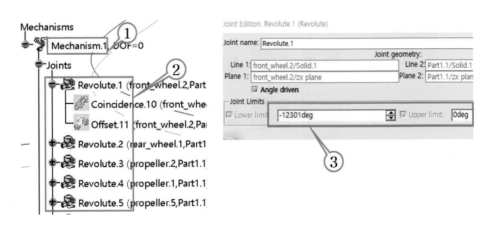

- Simulation(①)을 클릭하고 Mechanism.1을 더블 클릭한다. → ③을 ④와 같이 이동하고, Insert(⑤) 한 뒤 ⑥, ⑦과 같이 설정 → Forward Replay(⑧) 한다.

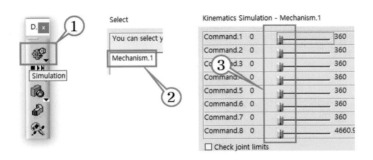

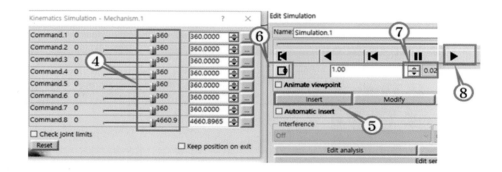

- Photo Studio(①)를 클릭하여 아래와 같이 설정한다.

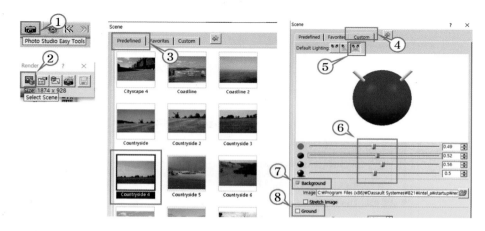

- Simulation을 클릭하여 Forward Replay 한다.

부록

도면 모음

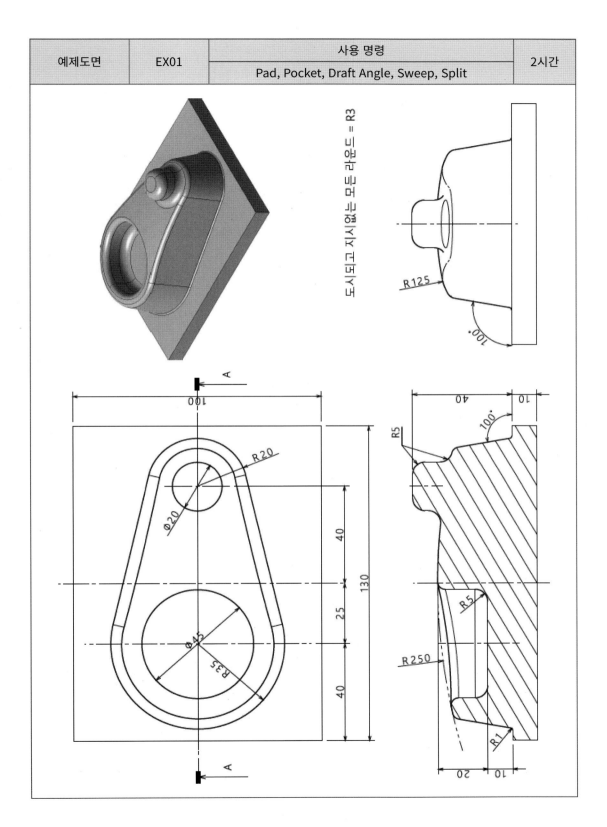

| 예제도면 | EX01 | 사용 명령
Pad, Pocket, Draft Angle, Sweep, Split | 2시간 |

도시되고 지시없는 모든 라운드 = R3

R125
100°

R5
100°
40
10

R5
R250
R1
130
40
25
40
20
10

100

R20
∅20

∅45
R35

A
A

예제도면	EX02	사용 명령	2시간
		Draft Angle by Parting Element	

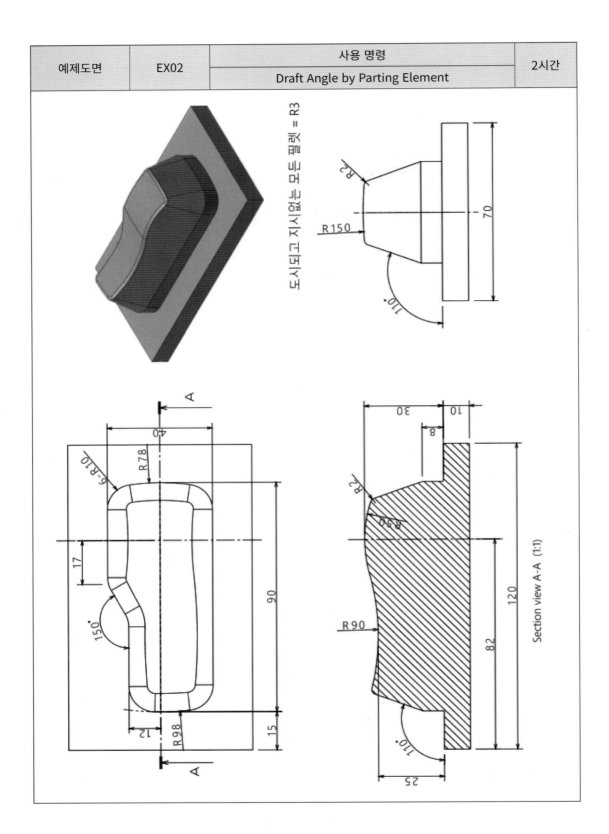

도시되고 지시없는 모든 필렛 = R3

Section view A-A (1:1)

예제도면	EX03	사용 명령	2시간
		Shaft, Offset	

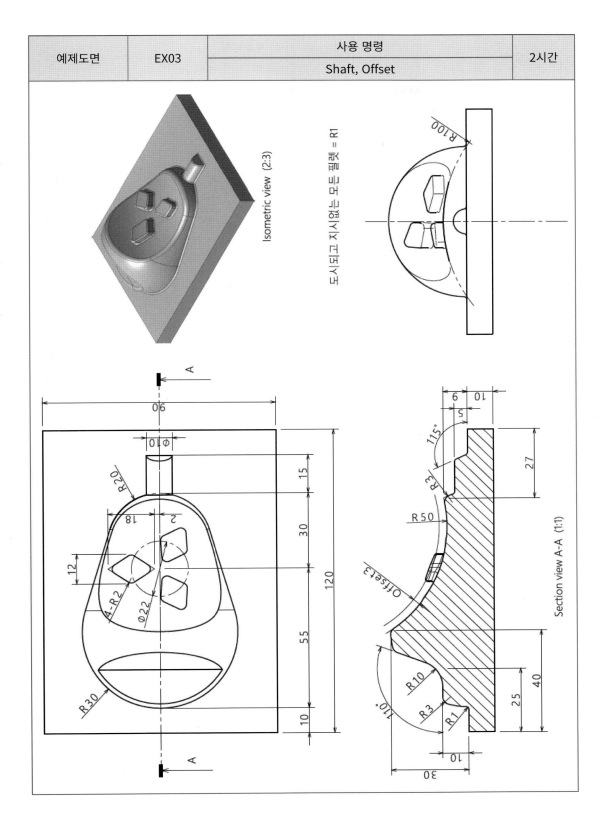

Isometric view (2:3)

도시되고 지시없는 모든 필렛 = R1

Section view A-A (1:1)

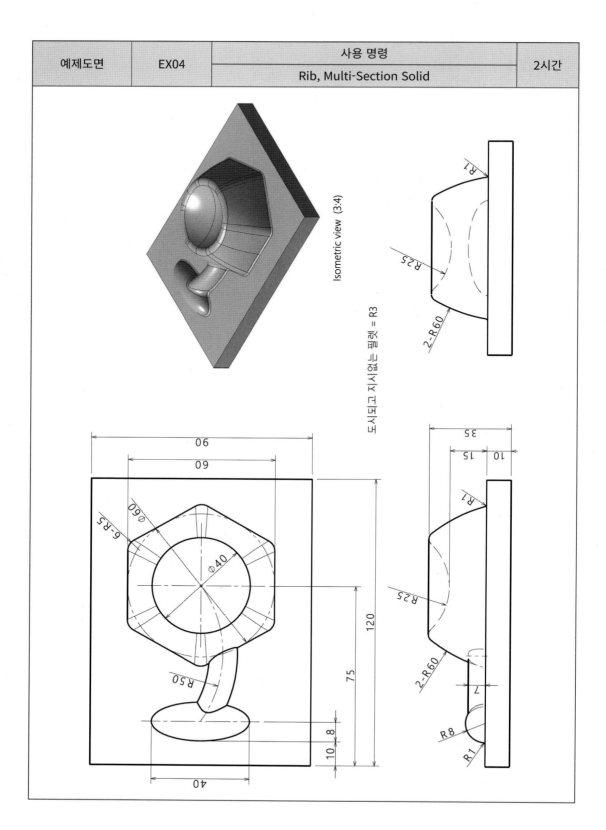

예제도면	EX04	사용 명령	2시간
		Rib, Multi-Section Solid	

Isometric view (3:4)

도시되고 지시없는 필렛 = R3

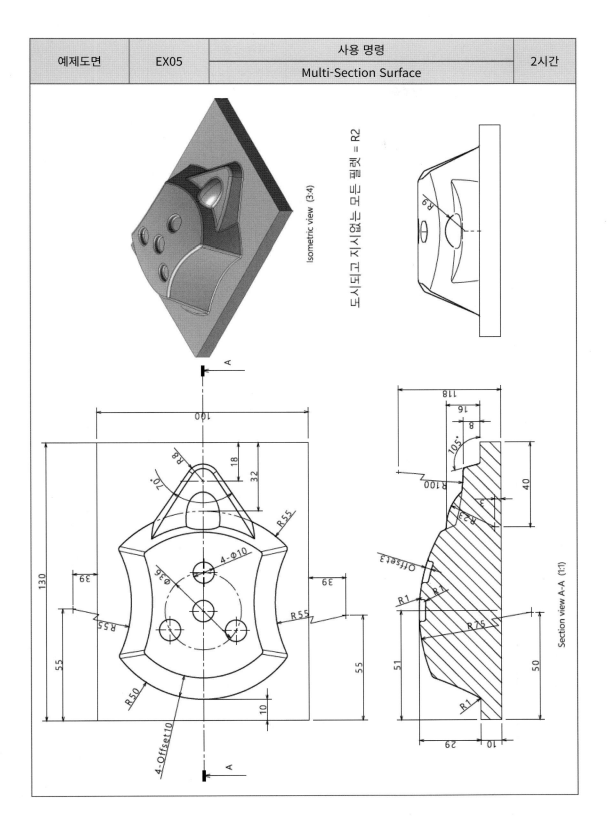

예제도면	EX05	사용 명령	2시간
		Multi-Section Surface	

Isometric view (3:4)

도시되고 지시없는 모든 필렛 = R2

Section view A-A (1:1)

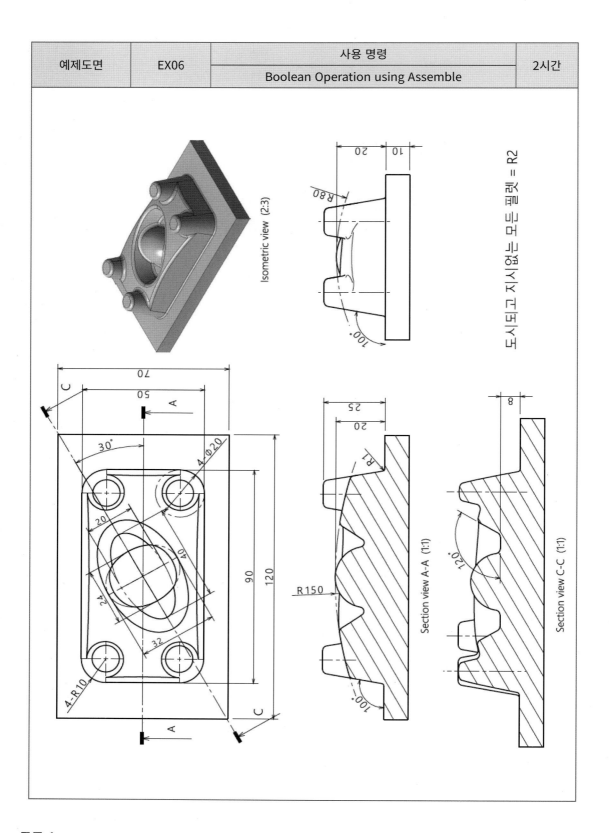

| 예제도면 | EX06 | 사용 명령 | 2시간 |
| | | Boolean Operation using Assemble | |

Isometric view (2:3)

Section view A-A (1:1)

Section view C-C (1:1)

도시되고 지시없는 모든 필렛 = R2

예제도면	EX07	사용 명령	2시간
		Groove, Removed Multi-Section Solid	

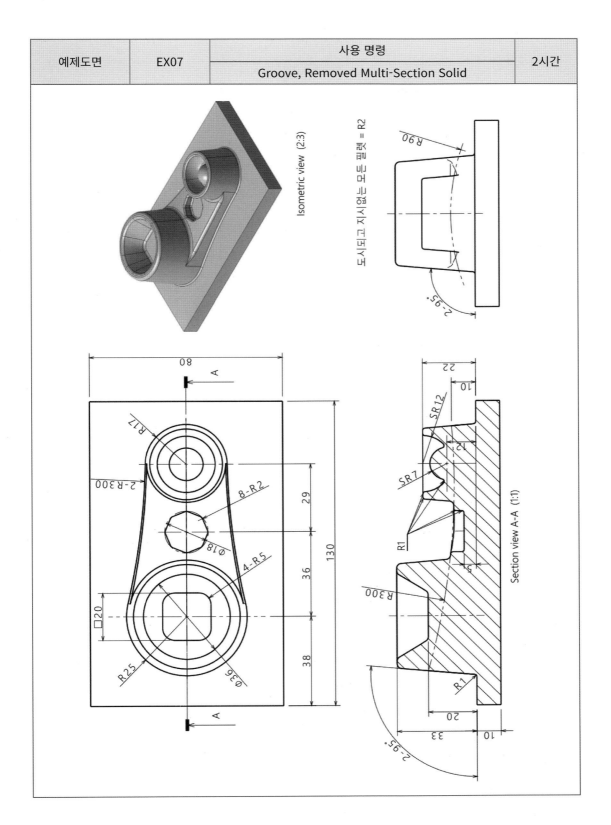

Isometric view (2:3)

도시되고 지시없는 모든 필렛 = R2

Section view A-A (1:1)

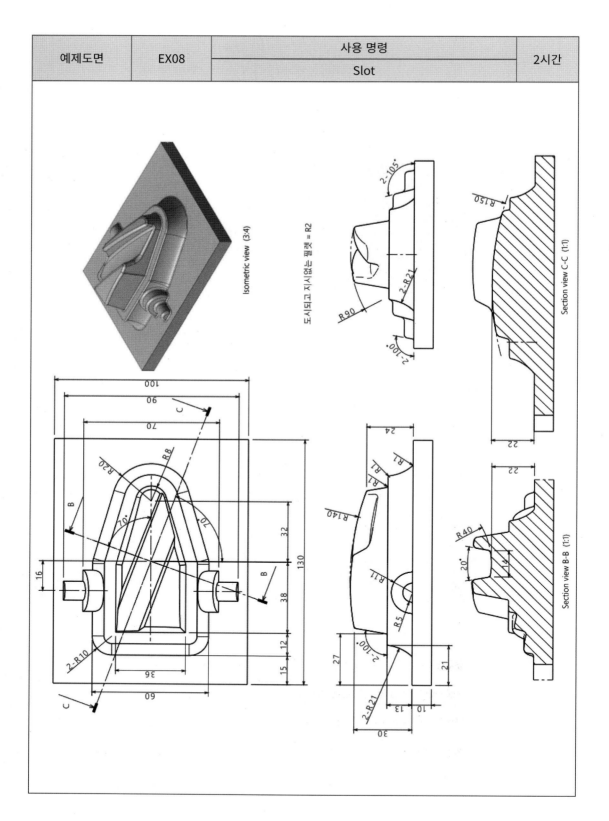

Isometric view (3:4)

도시되고 지시없는 필렛 = R2

Section view C-C (1:1)

Section view B-B (1:1)

예제도면	EX09	사용 명령	2시간
		Shaft, Pocket, Assemble	

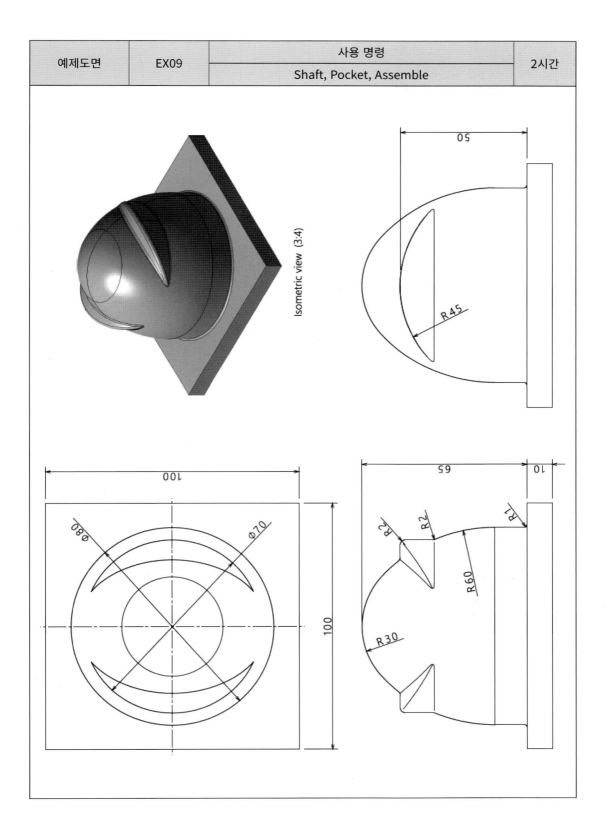

Isometric view (3:4)

50

R45

100

100

Ø80

Ø70

65

10

R2

R2

R1

R60

R30

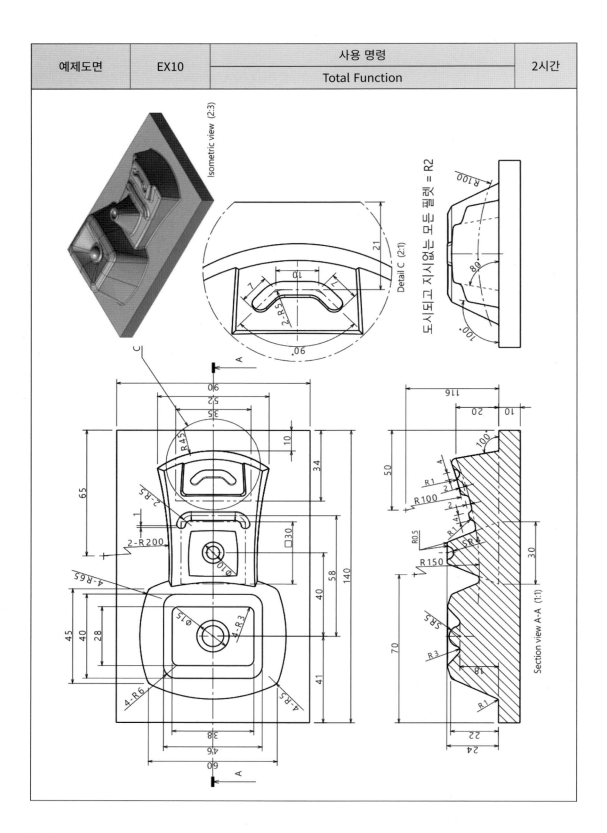

예제도면	EX10	사용 명령	2시간
		Total Function	

Isometric view (2:3)

Detail C (2:1)

도시되고 지시없는 모든 필렛 = R2

Section view A-A (1:1)

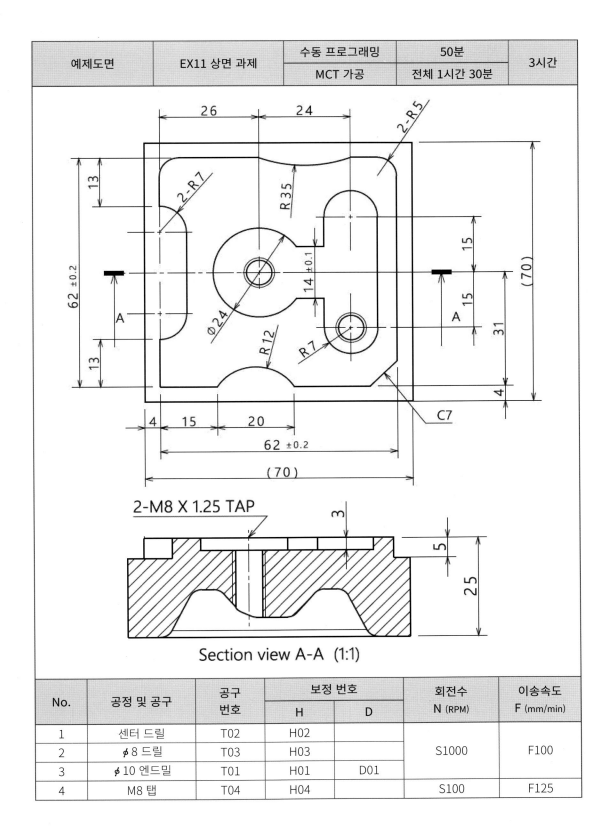

예제도면	EX11 상면 과제	수동 프로그래밍	50분	3시간
		MCT 가공	전체 1시간 30분	

2-M8 X 1.25 TAP

Section view A-A (1:1)

No.	공정 및 공구	공구 번호	보정 번호		회전수 N (RPM)	이송속도 F (mm/min)
			H	D		
1	센터 드릴	T02	H02		S1000	F100
2	φ8 드릴	T03	H03			
3	φ10 엔드밀	T01	H01	D01		
4	M8 탭	T04	H04		S100	F125

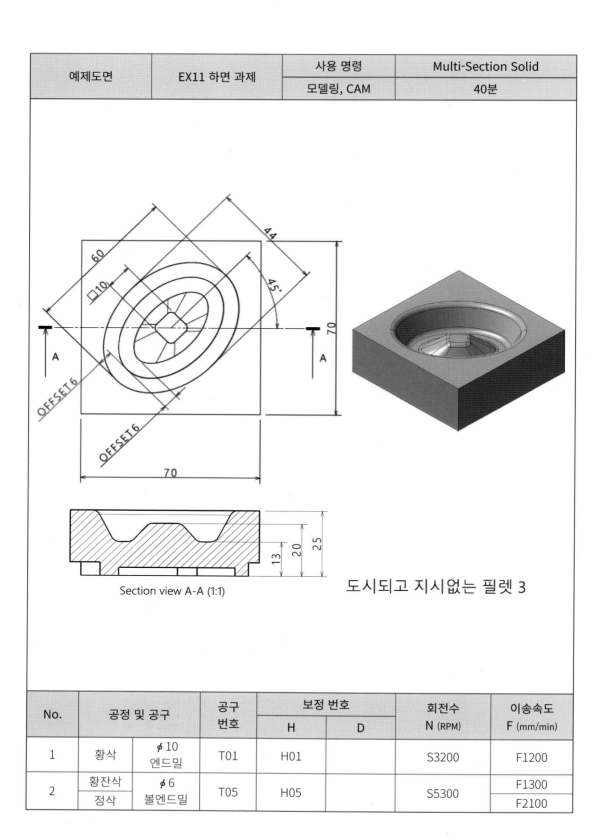

예제도면	EX11 하면 과제	사용 명령	Multi-Section Solid
		모델링, CAM	40분

Section view A-A (1:1)

도시되고 지시없는 필렛 3

No.	공정 및 공구		공구 번호	보정 번호		회전수 N (RPM)	이송속도 F (mm/min)
				H	D		
1	황삭	∅10 엔드밀	T01	H01		S3200	F1200
2	황잔삭	∅6 볼엔드밀	T05	H05		S5300	F1300
	정삭						F2100

예제도면	EX12	사용 명령	Pocket, Draft Angle, Groove
		모델링, CAM	40분

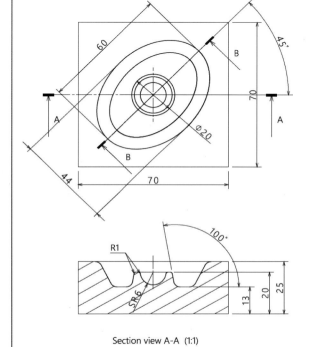

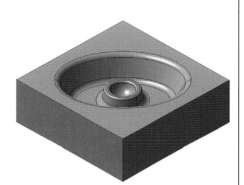

도시되고 지시없는 필렛 = R3

Section view A-A (1:1)

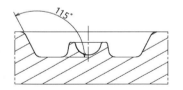

Section view B-B (1:1)

No.	공정 및 공구		공구 번호	보정 번호		회전수 N (RPM)	이송속도 F (mm/min)
				H	D		
1	황삭	φ 10 엔드밀	T01	H01		S3200	F1200
2	황잔삭	φ 6 볼엔드밀	T05	H05		S5300	F1300
	정삭						F2100

예제도면	EX12-01	사용 명령	Pocket, Draft Angle, Groove
		모델링, CAM	40분

Section view B-B (1:1)

도시되고 지시없는 필렛 = R3

Section view A-A (1:1)

Isometric view (3:4)

No.	공정 및 공구		공구 번호	보정 번호		회전수 N (RPM)	이송속도 F (mm/min)
				H	D		
1	황삭	φ10 엔드밀	T01	H01		S3200	F1200
2	황잔삭	φ6 볼엔드밀	T05	H05		S5300	F1300
	정삭						F2100

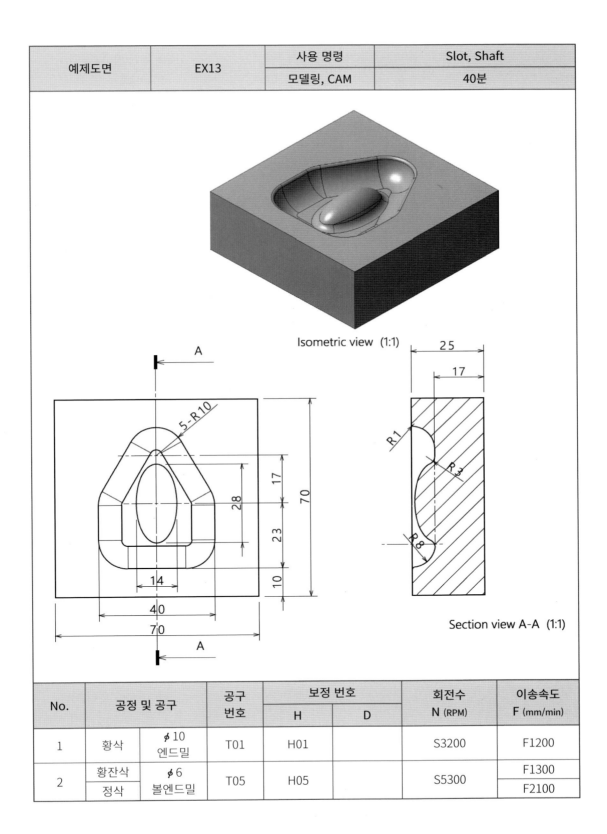

예제도면	EX13	사용 명령	Slot, Shaft
		모델링, CAM	40분

Isometric view (1:1)

5-R10

A

17
28
23
14
40
70
70
10

25
17

R1
R3
R8

Section view A-A (1:1)

No.	공정 및 공구		공구 번호	보정 번호		회전수 N (RPM)	이송속도 F (mm/min)
				H	D		
1	황삭	ϕ 10 엔드밀	T01	H01		S3200	F1200
2	황잔삭	ϕ 6 볼엔드밀	T05	H05		S5300	F1300
	정삭						F2100

예제도면	EX14	사용 명령	Pad, Sweep, Split
		모델링, CAM	40분

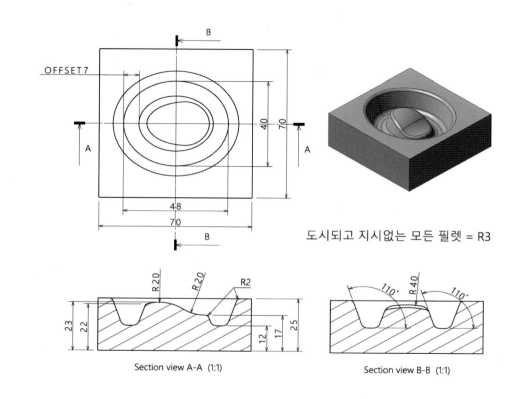

OFFSET7

40
70
48
70

B

A A

도시되고 지시없는 모든 필렛 = R3

Section view A-A (1:1)

R20 R20 R2
23 22 12 17 25

Section view B-B (1:1)

110° R40 110°

No.	공정 및 공구		공구 번호	보정 번호		회전수 N (RPM)	이송속도 F (mm/min)
				H	D		
1	황삭	φ10 엔드밀	T01	H01		S3200	F1200
2	황잔삭	φ6 볼엔드밀	T05	H05		S5300	F1300
	정삭						F2100

예제도면		EX15	사용 명령	Pad, Sweep, Split
			모델링, CAM	40분

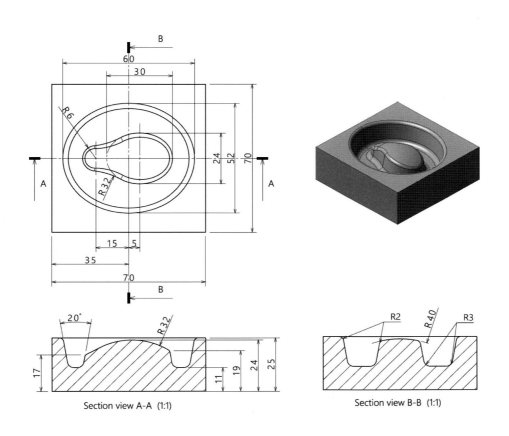

Section view A-A (1:1)

Section view B-B (1:1)

No.	공정 및 공구		공구 번호	보정 번호		회전수 N (RPM)	이송속도 F (mm/min)
				H	D		
1	황삭	ϕ 10 엔드밀	T01	H01		S3200	F1200
2	황잔삭	ϕ 6 볼엔드밀	T05	H05		S5300	F1300
	정삭						F2100

예제도면	EX15-01	사용 명령	Pad, Sweep, Split
		모델링, CAM	40분

Isometric view (3:4)

도시되고 지시없는 모든 필렛 = R3

Section view A-A (1:1)

Section view B-B (1:1)

No.	공정 및 공구		공구 번호	보정 번호		회전수 N (RPM)	이송속도 F (mm/min)
				H	D		
1	황삭	φ 10 엔드밀	T01	H01		S3200	F1200
2	황잔삭	φ 6 볼엔드밀	T05	H05		S5300	F1300
	정삭						F2100

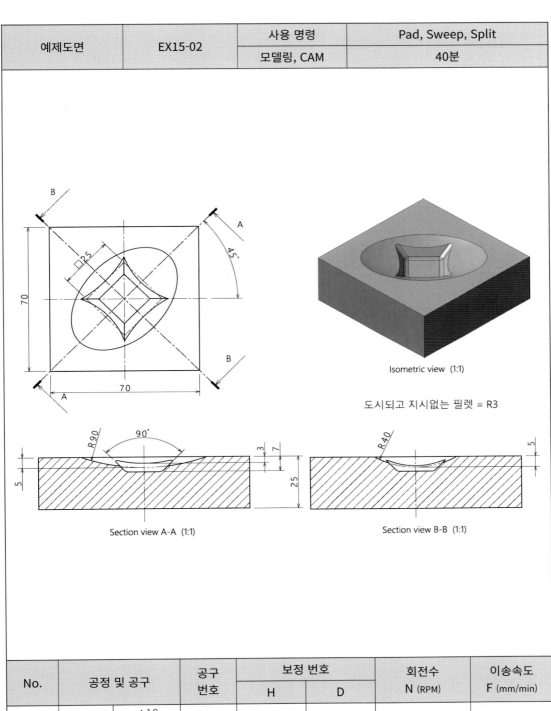

	예제도면	EX15-02	사용 명령	Pad, Sweep, Split
			모델링, CAM	40분

Isometric view (1:1)

도시되고 지시없는 필렛 = R3

Section view A-A (1:1)

Section view B-B (1:1)

No.	공정 및 공구		공구 번호	보정 번호		회전수 N (RPM)	이송속도 F (mm/min)
				H	D		
1	황삭	ϕ 10 엔드밀	T01	H01		S3200	F1200
2	황잔삭	ϕ 6 볼엔드밀	T05	H05		S5300	F1300
	정삭						F2100

예제도면	EX16	사용 명령	Slot, Rib
		모델링, CAM	40분

도시되고 지시없는 모든 필렛 = R3

Section view A-A (1:1)

Section view B-B (1:1)

No.	공정 및 공구		공구 번호	보정 번호		회전수 N (RPM)	이송속도 F (mm/min)
				H	D		
1	황삭	φ10 엔드밀	T01	H01		S3200	F1200
2	황잔삭	φ6 볼엔드밀	T05	H05		S5300	F1300
	정삭						F2100

예제도면	EX17	사용 명령	Slot, Multi-Section Surface
		모델링, CAM	40분

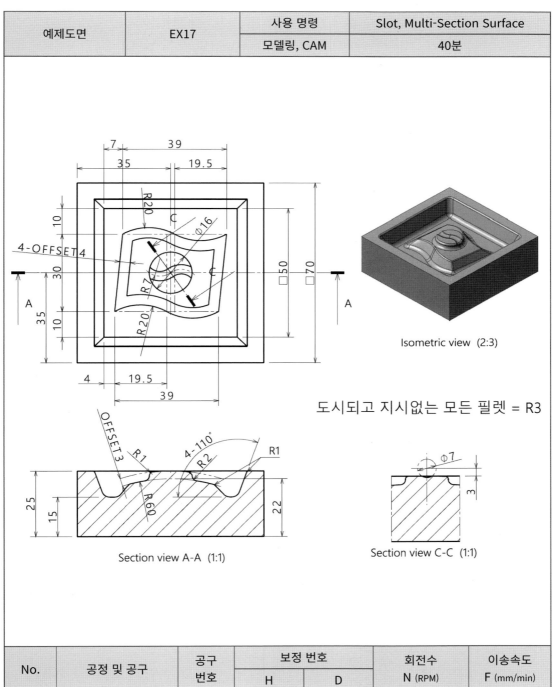

Isometric view (2:3)

도시되고 지시없는 모든 필렛 = R3

Section view A-A (1:1)

Section view C-C (1:1)

No.	공정 및 공구		공구 번호	보정 번호		회전수 N (RPM)	이송속도 F (mm/min)
				H	D		
1	황삭	φ10 엔드밀	T01	H01		S3200	F1200
2	황잔삭	φ6 볼엔드밀	T05	H05		S5300	F1300
	정삭						F2100

예제도면	EX18 (Supporter)	사용 명령 Power Copy, Formula	2시간

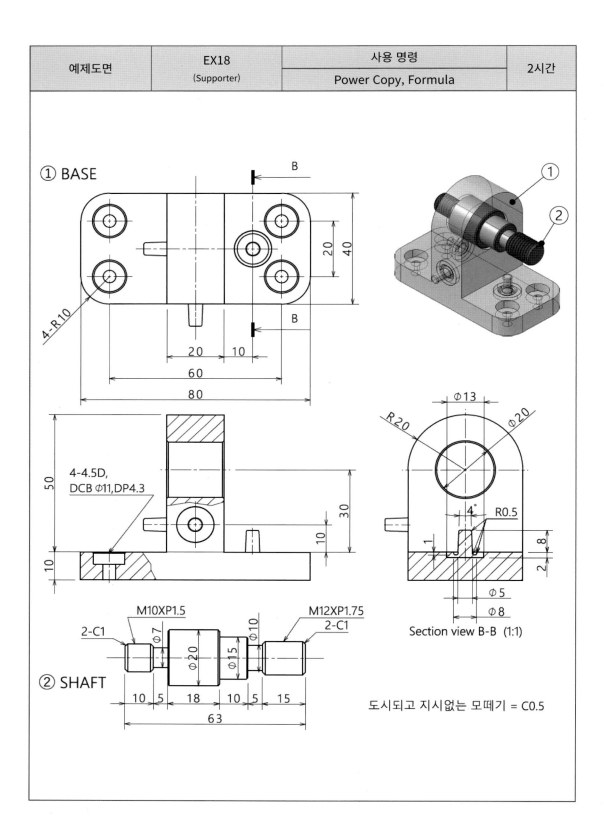

① BASE

B

20
40

4-R10

B

20　10
60
80

4-4.5D,
DCB Ø11,DP4.3

50

30

10

10

Ø13　Ø20

R 20

4°　R0.5

1

8

2

Ø 5
Ø 8

Section view B-B (1:1)

M10XP1.5　　　M12XP1.75

2-C1　　Ø7　　Ø10　　2-C1

Ø20　Ø15

② SHAFT

10　5　18　10　5　15
63

도시되고 지시없는 모떼기 = C0.5

예제도면	EX19 (Hook)	사용 명령 Power Copy, Formula	2시간

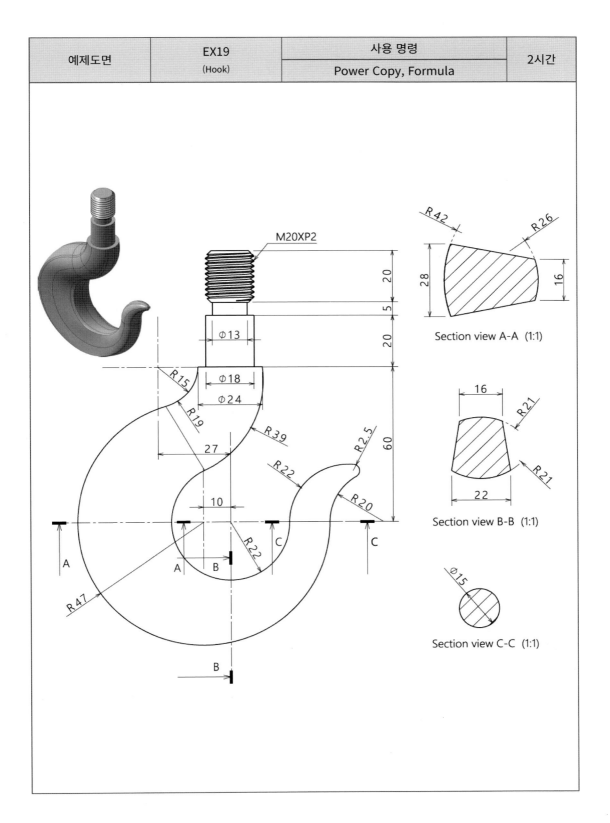

M20XP2

Ø13

Ø18

Ø24

R15

R19

R39

R22

R2.5

R20

R22

R47

20

5

20

60

27

10

Section view A-A (1:1)

R42

R26

28

16

Section view B-B (1:1)

16

R21

R21

22

Section view C-C (1:1)

Ø15

A

B

C

예제도면	EX20 (Bending Pipe)	사용 명령 Rib, Projection, Corner	2시간

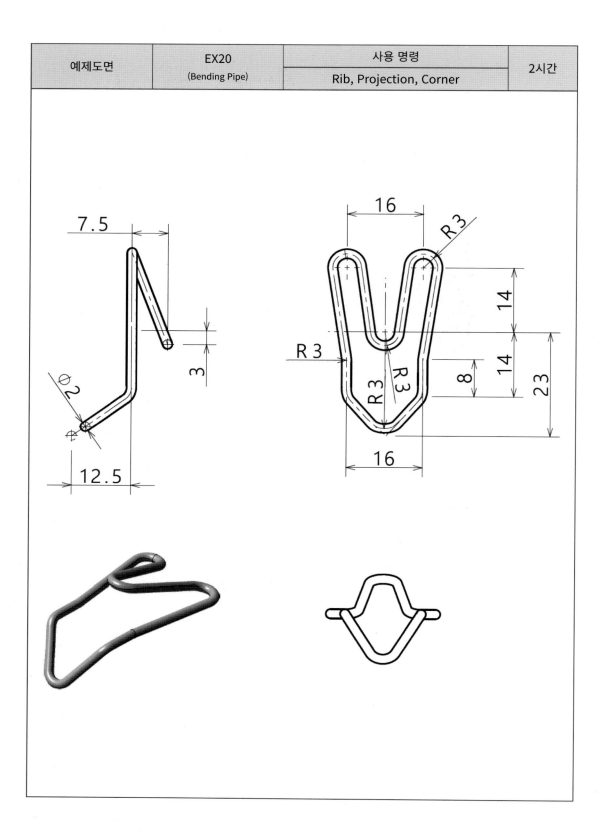

Ø110

9°

9°

Ø5

15

A

Section view B-B (2:1)

8

10

B

B

Ø7

Ø4

Detail A (2:1)

35

40

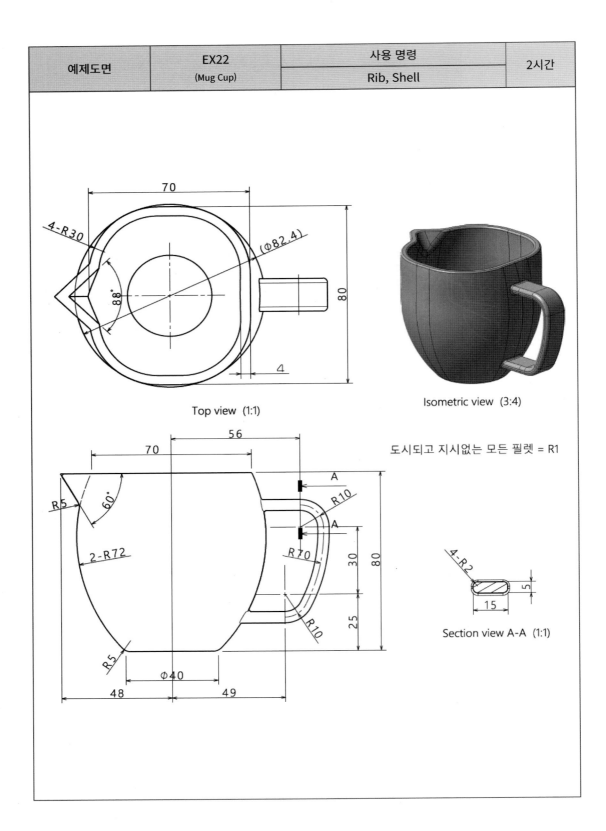

예제도면	EX22 (Mug Cup)	사용 명령	2시간
		Rib, Shell	

Top view (1:1)

70

4-R30

(∅82.4)

88°

80

4

Isometric view (3:4)

도시되고 지시없는 모든 필렛 = R1

56

70

A

R10

A

2-R72

R70

30

80

60°

R5

R70

R10

25

R5

∅40

48   49

4-R2

5

15

Section view A-A (1:1)

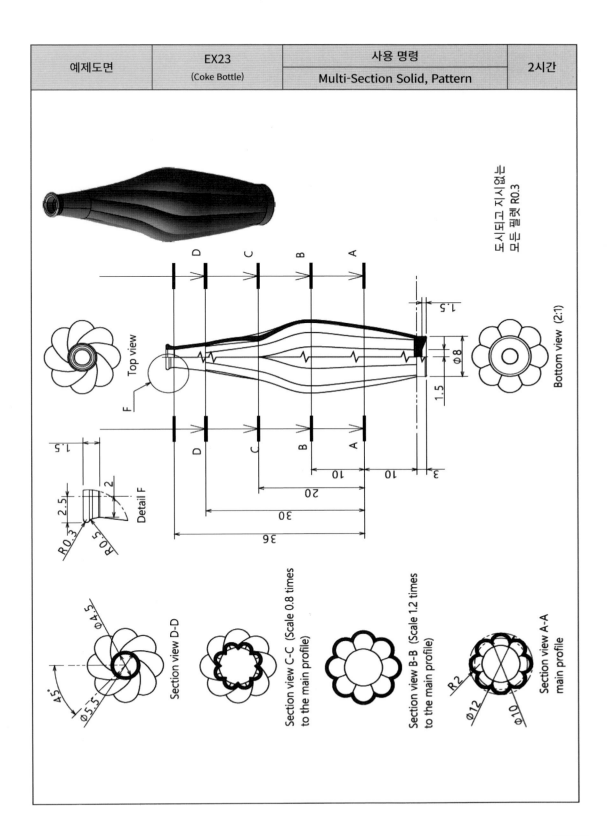

예제도면	**EX23** (Coke Bottle)	**사용 명령** Multi-Section Solid, Pattern	2시간

도시되고 지시없는
모든 필렛 R0.3

D C B A

Top view

F

Detail F
1.5
2.5
2
R0.3
R0.5

Bottom view (2:1)

1.5
Ø8
1.5
Ø10
3
10
10
20
30
36

Section view D-D
Ø4.5
Ø5.5
45°

Section view C-C (Scale 0.8 times
to the main profile)

Section view B-B (Scale 1.2 times
to the main profile)

Section view A-A
main profile
R2
Ø12
Ø10

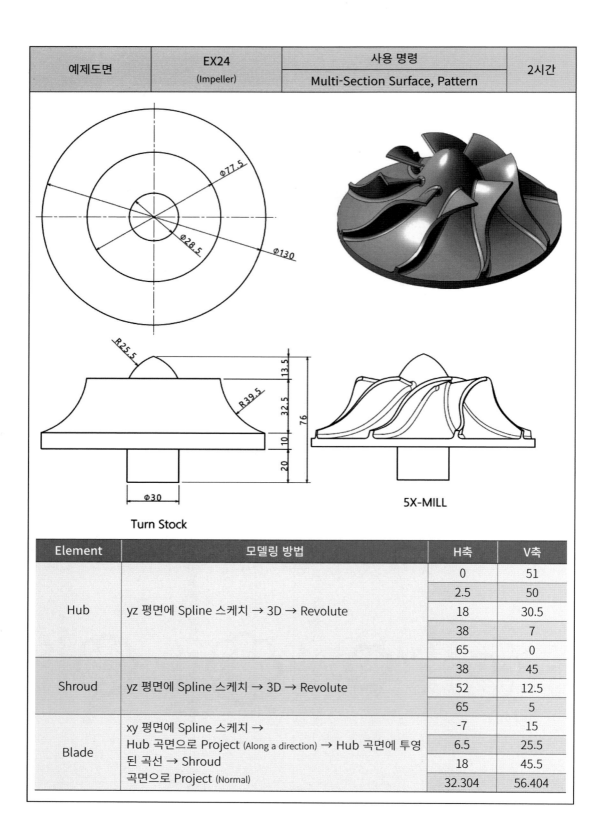

Element	모델링 방법	H축	V축
Hub	yz 평면에 Spline 스케치 → 3D → Revolute	0	51
		2.5	50
		18	30.5
		38	7
		65	0
Shroud	yz 평면에 Spline 스케치 → 3D → Revolute	38	45
		52	12.5
		65	5
Blade	xy 평면에 Spline 스케치 → Hub 곡면으로 Project (Along a direction) → Hub 곡면에 투영된 곡선 → Shroud 곡면으로 Project (Normal)	-7	15
		6.5	25.5
		18	45.5
		32.304	56.404

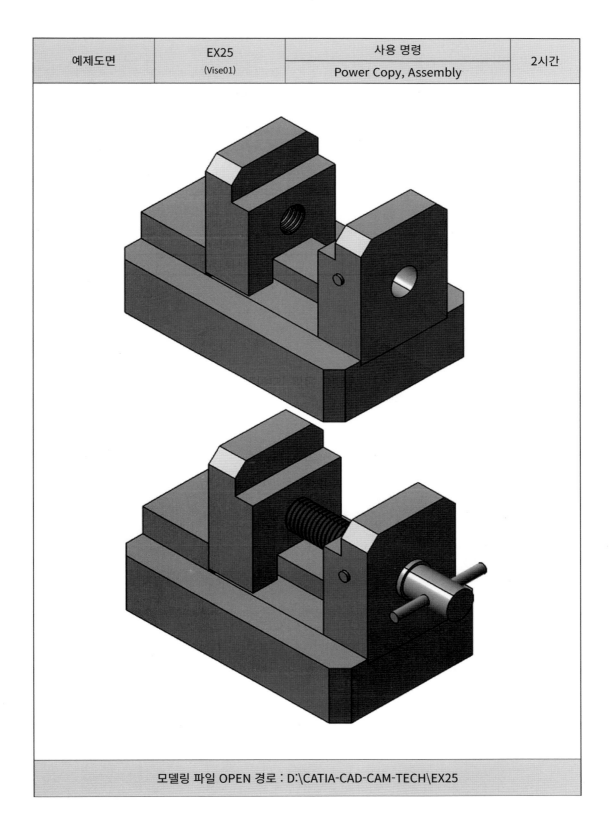

모델링 파일 OPEN 경로 : D:\CATIA-CAD-CAM-TECH\EX25

예제도면	EX26 (Vise02)	사용 명령 Power Copy, Assembly	2시간

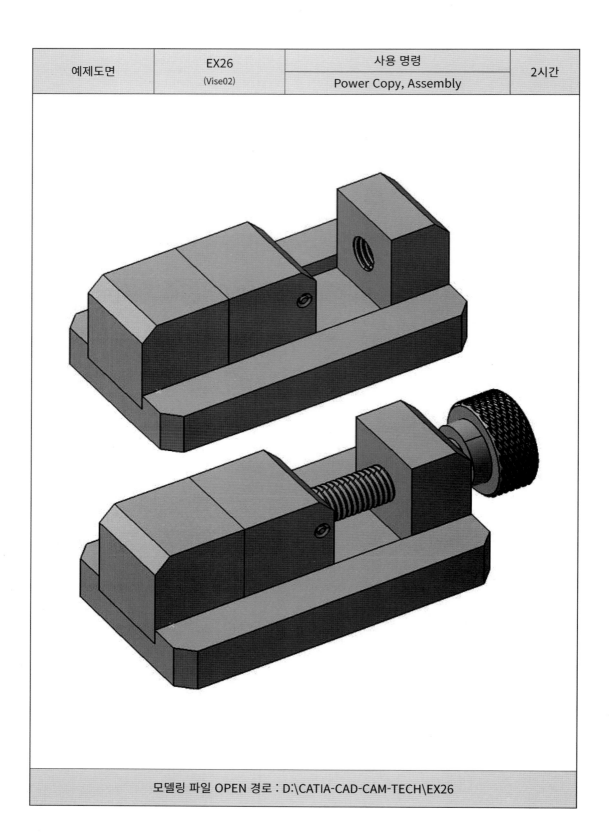

모델링 파일 OPEN 경로 : D:\CATIA-CAD-CAM-TECH\EX26

모델링 파일 OPEN 경로 : D:\CATIA-CAD-CAM-TECH\EX27

■ 저자

황종대 (한국폴리텍대학, 교수)

■ 감수자

정희태(거성정밀, 연구소장, 대한민국 명장)
박수천(UniWin R&D, 대표, 대한민국 명장)
이종원(터보블레이드, 대표)
원종식(한국폴리텍대학, 교수)

참고문헌

1. http://www.q-net.or.kr
2. 황종대, CATIA CAM 5축가공기술(2축부터 복합 5축까지), 광문각

* 주) 본 서에서 언급된 S/W의 저작권 및 판권 명시
1. CATIA : 다쏘시스템코리아(주)
2. V-CNC : ㈜큐빅테크

CATIA
CAD CAM 기술

2020년	8월	30일	1판	1쇄	인 쇄
2020년	9월	4일	1판	1쇄	발 행

지 은 이 : 황   종   대

펴 낸 이 : 박   정   태

펴 낸 곳 : **광   문   각**

10881
파주시 파주출판문화도시 광인사길 161
광문각 B/D 4층
등   록 : 1991. 5. 31 제12 - 484호
전   화(代): 031-955-8787
팩   스 : 031-955-3730
E - mail : kwangmk7@hanmail.net
홈페이지 : www.kwangmoonkag.co.kr

ISBN : 978-89-7093-380-1   93550

값 : 27,000원

한국과학기술출판협회
Korean Science & Technology Publisher Association

저자와 협의하여 인지를 생략합니다.

※ 교재와 관련된 자료는 광문각 홈페이지(www.kwangmoonkag.co.kr)
　자료실에서 다운로드 할 수 있습니다.